초등 **2-2**

ViaEducation

먼저 읽어 보고 다양한 의견을 준 학생들 덕분에 『수학의 미래』가 세상에 나올 수 있었습니다.

강소을	서울공진초등학교	김대현	광명가림초등학교	김동혁	김포금빛초등학교
김지성	서울이수초등학교	김채윤	서울당산초등학교	김하율	김포금빛초등학교
박진서	서울북가좌초등학교	변예림	서울신용산초등학교	성민준	서울이수초등학교
심재민	서울하늘숲초등학교	오 현	서울청덕초등학교	유하영	일산 홈스쿨링
윤소윤	서울갈산초등학교	이보림	김포가현초등학교	이서현	서울경동초등학교
이소은	서울서강초등학교	이윤건	서울신도초등학교	이준석	서울이수초등학교
이하은	서울신용산초등학교	이호림	김포가현초등학교	장윤서	서울신용산초등학교
장윤수	서울보광초등학교	정초비	안양희성초등학교	천강혁	서울이수초등학교
최유현	고양동산초등학교	한보윤	서울신용산초등학교	한소윤	서울서강초등학교
황서영	서울대명초등학교				

그 밖에 서울금산초등학교, 서울남산초등학교, 서울대광초등학교, 서울덕암초등학교,
서울목원초등학교, 서울서강초등학교, 서울은천초등학교, 서울자양초등학교,
세종온빛초등학교, 인천계양초등학교 학생 여러분께 감사드립니다.

1 '수학의 시대'에 필요한 진짜 수학

여러분은 새로운 시대에 살고 있습니다. 인류의 삶 전반에 큰 변화를 가져올 '제4차 산업혁명'의 시대 말입니다. 새로운 시대에는 시험 문제로만 만났던 '수학'이 우리 일상의 중심이 될 것입니다. 영국 총리 직속 연구위원회는 "수학이 인공 지능, 첨단 의학, 스마트 시티, 자율 주행 자동차, 항공 우주 등 제4차 산업혁명의 심장이 되었다. 21세기 산업은 수학이 좌우할 것"이라는 내용의 보고서를 발표하기도 했습니다. 여기서 말하는 '수학'은 주어진 문제를 풀고 답을 내는 수동적인 '수학'이 아닙니다. 이런 역할은 기계나 인공 지능이 더 잘합니다. 제4차 산업혁명에서 중요하게 말하는 수학은 일상에서 발생하는 여러 사건과 상황을 수학적으로 사고하고 수학 문제로 바꾸어 해결할 수 있는 능력, 즉 일상의 언어를 수학의 언어로 전환하는 능력입니다. 주어진 문제를 푸는 수동적 역할에서 벗어나 지식의 소유자, 능동적 발견자가 되어야 합니다.

『수학의 미래』는 미래에 필요한 수학적인 능력을 키워 줄 것입니다. 하나뿐인 정답을 찾는 것이 아니라 문제를 해결하는 다양한 생각을 끌어내고 새로운 문제를 만들 수 있는 능력을 말입니다. 물론 새 교육과정과 핵심 역량도 충실히 반영되어 있습니다.

2 학생의 자존감 향상과 성장을 돕는 책

수학 때문에 마음에 상처를 받은 경험이 누구에게나 있을 것입니다. 시험 성적에 자존심이 상하고, 너무 많은 훈련에 지치기도 하고, 하고 싶은 일이나 갖고 싶은 직업이 있는데 수학 점수가 가로막는 것 같아 수학이 미워지고 자신감을 잃기도 합니다.

이런 수학이 좋아지는 최고의 방법은 수학 개념을 연결하는 경험을 해 보는 것입니다. 개념과 개념을 연결하는 방법을 터득하는 순간 수학은 놀랄 만큼 재미있어집니다. 개념을 연결하지 않고 따로따로 공부하면 공부할 양이 많게 느껴지지만 새로운 개념을 이전 개념에 차근차근 연결해 나가면 머릿속에서 개념이 오히려 압축되는 것을 느낄 수 있습니다.

이전 개념과 연결하는 비결은 수학 개념을 친구나 부모님에게 설명하고 표현하는 것입니다. 이 과정을 통해 여러분 내면에 수학 개념이 차곡차곡 축적됩니다. 탄탄하게 개념을 쌓았으므로 어떤 문제 앞에서도 당황하지 않고 해결할 수 있는 자신감이 생깁니다.

『수학의 미래』는 수학 개념을 외우고 문제를 푸는 단순한 학습서가 아닙니다. 여러분은 여기서 새로운 수학 개념을 발견하고 연결하는 주인공 역할을 해야 합니다. 그렇게 발견한 수학 개념을 주변 사람들에게나 자신에게 항상 소리 내어 설명할 수 있어야 합니다. 설명하는 표현학습을 통해 수학 지식은 선생님의 것이나 교과서 속에 있는 것이 아니라 여러분의 것이 됩니다. 자신의 것으로 소화하게 된다는 말이지요. 『수학의 미래』는 여러분이 수학적 역량을 키워 사회에 공헌할 수 있는 인격체로 성장할 수 있게 도와줄 것입니다.

3 스스로 수학을 발견하는 기쁨

수학 개념은 처음 공부할 때가 가장 중요합니다. 처음부터 남에게 배운 것은 자기 것으로 소화하기가 어렵습니다. 아직 소화하지도 못했는데 문제를 풀려 들면 공식을 억지로 암기할 수밖에 없습니다. 좋은 결과를 기대할 수 없지요.

『수학의 미래』는 누가 가르치는 책이 아닙니다. 자기 주도적으로 학습해야만 이 책의 목적을 달성할 수 있습니다. 전문가에게 빨리 배우는 것보다 조금은 미숙하고 늦더라도 혼자 힘으로 천천히 소화해 가는 것이 결과적으로는 더 빠릅니다. 친구와 함께할 수 있다면 더욱 좋고요.

『수학의 미래』는 예습용입니다. 학교 공부보다 2주 정도 먼저 이 책을 펼치고 스스로 할 수 있는 데까지 해냅니다. 너무 일찍 예습을 하면 실제로 배울 때는 기억이 사라져 별 효과가 없는 경우가 많습니다. 2주 정도의 기간을 가지고 한 단원을 천천히 예습할 때 가장 효과가 큽니다. 그리고 부족한 부분은 학교에서 배우며 보완합니다. 이 책을 가지고 예습하다 보면 의문점도 많이 생길 것입니다. 그 의문을 가지고 수업에 임하면 수업에 집중할 수 있고 확실히 깨닫게 되어 수학을 발견하는 기쁨을 누리게 될 것입니다.

전국수학교사모임 미래수학교과서팀을 대표하여
최수일 씀

복잡하고 어려워 보이는 수학이지만 개념의 연결고리를 찾을 수 있다면 쉽고 재미있게 접근할 수 있어요. 멋지고 튼튼한 집을 짓기 위해서 치밀한 설계도가 필요한 것처럼 여러분 머릿속에 수학의 개념이라는 큰 집이 자리 잡기 위해서는 체계적인 공부 설계가 필요하답니다. 개념이 어떻게 적용되고 연결되며 확장되는지 여러분 스스로 발견할 수 있도록 선생님들이 꼼꼼하게 설계했어요!

단원 시작

수학 학습을 시작하기 전에 무엇을 배울지 확인하고 나에게 맞는 공부 계획을 세워 보아요. 선생님들이 표준 일정을 제시해 주지만, 속도는 목표가 될 수 없습니다. 자신에게 맞는 공부 계획을 세우고, 실천해 보아요.

복습과 예습을 한눈에 확인해요!

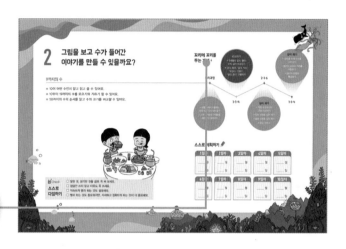

기억하기

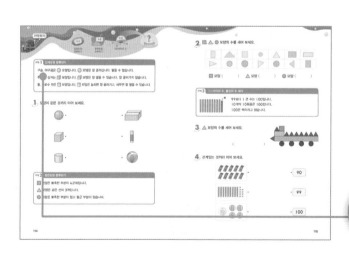

새로운 개념을 공부하기 전에 이전에 배웠던 '연결된 개념'을 꼭 확인해요. 아는 내용이라고 지나치지 말고 내가 제대로 이해했는지 확인해 보세요. 새로운 개념을 공부할 때마다 어떤 개념에서 나왔는지 확인하는 습관을 가져 보세요. 앞으로 공부할 내용들이 쉽게 느껴질 거예요.

배웠다고 만만하게 보면 안 돼요!

새로운 개념과 만나기 전에 탐구하고 생각해야 풀 수 있는 '열린 질문'으로 이루어져 있어요. 처음에는 생각해 내기 어려울 수 있지만 개념 연결과 추론을 통해 문제를 해결할 수 있다면 자신감이 두 배는 생길 거예요. 한 가지 정답이 아니라 다양한 생각, 자유로운 생각이 담긴 나만의 답을 써 보세요. 깊게 생각하는 힘, 수학적으로 생각하는 힘이 저절로 커져서 어떤 문제가 나와도 당황하지 않게 될 거예요.

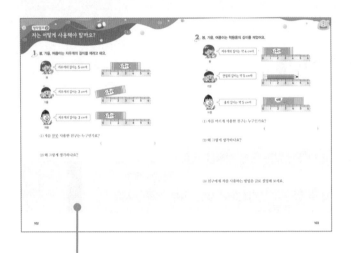

내 생각을 자유롭게 써 보아요!

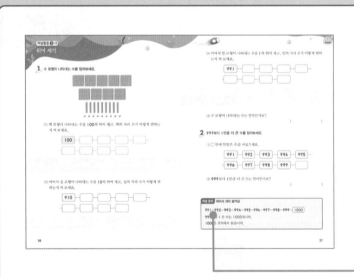

'생각열기'에서 나온 개념이나 정의 등을 한눈에 확인할 수 있게 정리했어요. 또한 개념이 적용된 다양한 예제를 통해 기본기를 다질 수 있어요. '생각열기'와 짝을 이루어 단원에서 배워야 할 주요한 개념과 원리를 알려 주어요.

개념의 핵심만 추렸어요!

표현하기·선생님 놀이

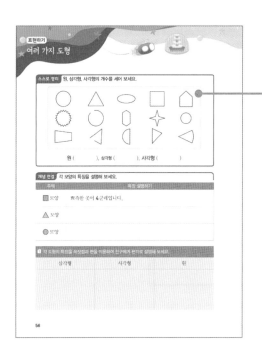

혼자 힘으로 정리하고 연결해요!

새로 배운 개념을 혼자 힘으로 정리하고, 관련된 이전 개념을 연결해요. 수학 개념은 모두 연결되어 있어서 그 연결고리를 찾아가다 보면 '아, 그렇구나!' 하는, 공부의 재미를 느끼는 순간이 찾아올 거예요.

친구나 부모님에게 설명해 보세요!

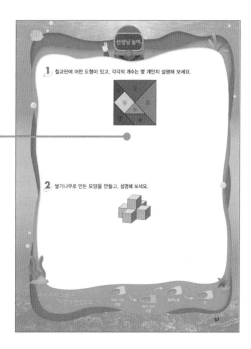

문제를 모두 풀었다고 해도 설명을 할 수 없으면 이해하지 못한 거예요. '선생님 놀이'에서 말로 설명을 하다 보면 내가 무엇을 모르는지, 어디서 실수했는지를 스스로 발견하고 대비할 수 있어요.

개념을 완벽히 이해했다면 실제 시험에 대비하여 문제를 풀어 보아요. 다양한 문제에 대처할 수 있도록 난이도와 문제의 형식에 따라 '기본'과 '심화'로 나누었어요. '기본'에서는 개념을 복습하고 확인해요. '심화'는 한 단계 나아간 문제로, 일상에서 벌어지는 다양한 상황이 문장제로 나와요. 생활 속에서 일어나는 상황을 수학적으로 이해하고 식으로 써서 답을 내는 과정을 거치다 보면 내가 왜 수학을 배우는지, 내 삶과 수학이 어떻게 연결되는지 알 수 있을 거예요.

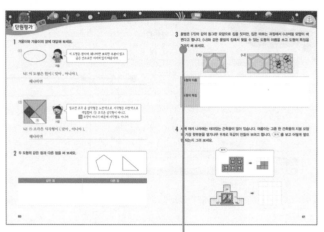

문장제까지 해결하면 자신감이 쑥쑥!

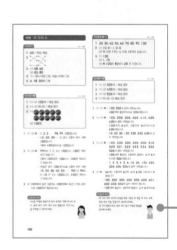

『수학의 미래』는 혼자서 개념을 익히고 적용할 수 있도록 설계되었기 때문에 해설을 잘 활용해야 해요. 문제를 푼 후에 답과 해설을 확인하여 여러분의 생각과 비교하고 수정해보세요. 그리고 '선생님의 참견'에서는 선생님이 문제를 낸 의도를 친절하게 설명했어요. 의도를 알면 문제의 핵심을 알 수 있어서 쉽게 잊히지 않아요.

문제의 숨은 뜻을 꼭 확인해요!

차례

1 색종이는 모두 몇 장인가요?

네 자리 수

★ 숫자 4개로 된 수를 읽고 쓰며 크기도 알 수 있어요.
★ 숫자가 자리에 따라 값이 달라지는 것을 알 수 있어요.

꼬리에 꼬리를
무는 개념 ◆

세 자리 수
- 세 자리 수 읽고 쓰기
- 세 자리 수의 자릿값
- 세 자리 수의 계열을 알고
  크기 비교하기

큰 수
- 10000과 다섯 자리 수
  알아보기
- 십만, 백만, 천만, 억, 조 단
  위까지의 수 알아보기
- 큰 수의 뛰어 세기
- 큰 수 비교하기

1-2-1   2-2-1

2-1-1   4-1-1

100까지의 수
- 두 자리 수 읽고 쓰기
- 두 자리 수의 자릿값
- 두 자리 수의 계열을 알고
  크기 비교하기

네 자리 수
- 네 자리 수 읽고 쓰기
- 네 자리 수의 자릿값
- 네 자리 수의 계열을 알고
  크기 비교하기

스스로 계획 짜기 ✏

1일차	2일차	3일차	4일차	5일차
____월 ____일	____월 ____일	____월 ____일	____월 ____일	____월 ____일

6일차	7일차	8일차
____월 ____일	____월 ____일	____월 ____일

 세 자리 수

 세 자리 수 뛰어 세기

 세 자리 수의 크기 비교하기

기억 1 세 자리 수의 이해

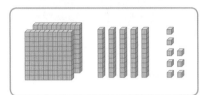

100이 2개, 10이 5개, 1이 8개이면 258입니다.
258은 이백오십팔이라고 읽습니다.

1 수 모형이 나타내는 수를 쓰고 읽어 보세요.

쓰기 (   )

읽기 (   )

기억 2 각 자리의 숫자가 나타내는 값 알기

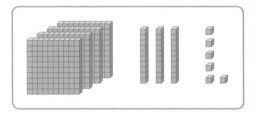

백의 자리	십의 자리	일의 자리
5	3	6

↓

5	0	0
	3	0
		6

5는 백의 자리 숫자이고, 500을 나타냅니다.
3은 십의 자리 숫자이고, 30을 나타냅니다.
6은 일의 자리 숫자이고, 6을 나타냅니다.
$536 = 500 + 30 + 6$

2 ☐ 안에 알맞은 수를 써넣으세요.

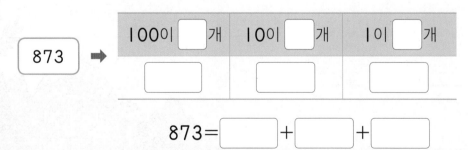

873 ➡

100이 ☐ 개	10이 ☐ 개	1이 ☐ 개
☐	☐	☐

873 = ☐ + ☐ + ☐

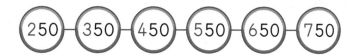

100씩 뛰어 세면 백의 자리 숫자가 1씩 커집니다.

3 규칙에 따라 빈 곳에 알맞은 수를 써넣으세요.

(1)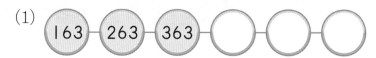

(2)

기억 4 수의 크기 비교

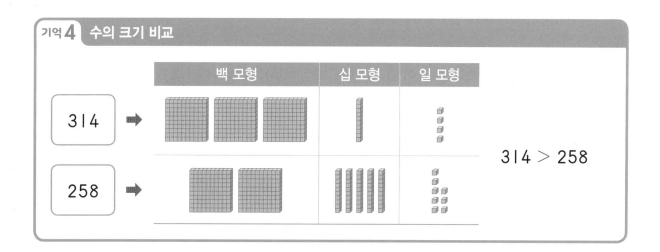

4 두 수의 크기를 비교하여 ○ 안에 > 또는 <를 알맞게 써넣으세요.

(1) 619 ◯ 585   (2) 809 ◯ 827

5 세 수의 크기를 비교하여 가장 큰 수에 ○표, 가장 작은 수에 △표 해 보세요.

467   439   702

생각열기 ①

축제에 필요한 색종이는 모두 몇 장인가요?

1 봄이와 친구들이 종이비행기를 접어 날리고 있어요.

색종이 10장

(1) 종이비행기를 접는 데 사용한 색종이가 모두 몇 장인지 **10** 을 그려서 나타내어 보세요.

(2) 색종이가 모두 몇 장인지 세고 어떻게 세었는지 써 보세요.

2 봄이와 친구들이 종이비행기 축제에 참가하기로 했습니다. 물음에 답하세요.

색종이 100장
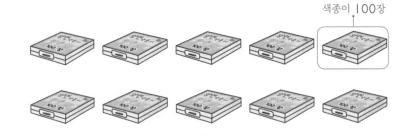

14

(1) 축제를 위해 준비된 색종이가 모두 몇 장인지 **100** 을 그려서 나타내어 보세요.

(2) 봄이는 색종이의 수를 바르게 세었나요? 그렇게 생각한 이유를 써 보세요.

"백, 이백, 삼백, 사백, 오백, 육백, 칠백, 팔백, 구백, 십백!"

(3) 색종이가 모두 몇 장인지 세고 어떻게 세었는지 써 보세요.

3 문제 **2**에서 센 색종이의 수를 **100**, **10**, **1** 을 자유롭게 사용하여 나타내어 보세요.

1000(천) 알아보기

1 초콜릿은 모두 몇 개인지 알아보세요.

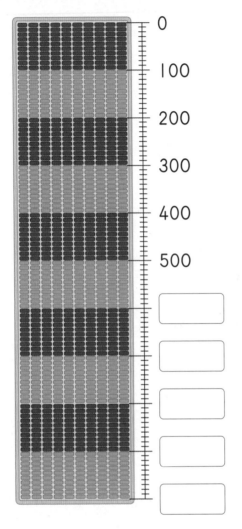

(1) 초콜릿을 100개씩 묶어 세어 수직선의 □ 안에 알맞은 수를 써넣으세요.

(2) 초콜릿은 100개씩 몇 묶음인가요?

( )

(3) 초콜릿은 모두 몇 개인가요?

( )

개념 정리 | **1000(천)**

100이 10개이면 1000입니다. 1000은 천이라고 읽습니다.

2 수 배열표를 보고 1000이 얼마만큼의 수인지 알아보세요.

(1) □ 안에 알맞은 수를 써넣고 1000은 900보다 얼마 더 큰 수인지 써 보세요.

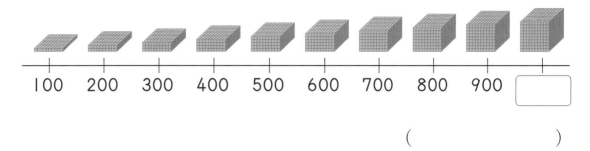

| 100 | 200 | 300 | 400 | 500 | 600 | 700 | 800 | 900 | |

(   )

(2) 그림을 보고 1000은 990보다 얼마 더 큰 수인지 써 보세요.

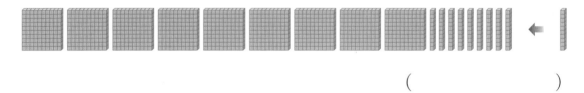

(   )

(3) □ 안에 알맞은 수를 써넣고 1000은 999보다 얼마 더 큰 수인지 써 보세요.

| 991 | 992 | 993 | 994 | 995 | 996 | 997 | 998 | 999 | |

(   )

3 친구들의 대화를 읽고 1000에 대해 알고 있는 또 다른 것을 써 보세요.

1000은 800보다 200 큰 수야.

1000은 500보다 500 큰 수야.

학생들이 갖고 있는 색종이는 몇 장인가요?

[1~4] 봄이네 학교 학생들이 새 학기를 맞이하여 교실 환경 정리를 하고 있어요.

1 봄이네 반 학생들이 갖고 있는 색종이예요.

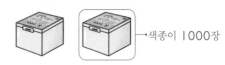

(1) 색종이가 모두 몇 장인지 **1000** 을 그려서 나타내어 보세요.

(2) 색종이가 모두 몇 장인지 세고 어떻게 세었는지 써 보세요.

2 여름이네 반 학생들이 갖고 있는 색종이예요.

(1) 색종이가 모두 몇 장인지 **1000**, **100** 을 그려서 나타내어 보세요.

(2) 색종이가 모두 몇 장인지 세고 어떻게 세었는지 써 보세요.

3 가을이네 반 학생들이 갖고 있는 색종이예요.

(1) 색종이가 모두 몇 장인지 **1000**, **100**, **10** 을 그려서 나타내어 보세요.

>

(2) 색종이가 모두 몇 장인지 세고 어떻게 세었는지 써 보세요.

4 겨울이네 반 학생들이 갖고 있는 색종이예요.

(1) 색종이가 모두 몇 장인지 **1000**, **100**, **10**, **1** 을 자유롭게 사용하여 나타내어 보세요.

>

(2) 색종이가 모두 몇 장인지 세고 어떻게 세었는지 써 보세요.

네 자리 수 알아보기

1 그림을 보고 물음에 답하세요.

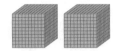

(1) 수 모형을 1000개씩 뛰어 세어 보세요.

(2) 1000개씩 몇 묶음인지 알아보고 수 모형이 나타내는 수를 써 보세요.

개념 정리

1000이 3개이면 3000입니다.
3000은 삼천이라고 읽습니다.

2 1000 이 나타내는 수를 쓰고 읽어 보세요.

(1) 1000 1000 1000 1000 1000

쓰기 _____

읽기 _____

(2) 1000 1000 1000 1000 1000 1000 1000 1000

쓰기 _____

읽기 _____

3 그림이 나타내는 수를 알아보세요.

(1) 천 모형, 백 모형, 십 모형, 일 모형이 각각 몇 개인가요?

천 모형 (   ), 백 모형 (   )

십 모형 (   ), 일 모형 (   )

(2) 수 모형이 나타내는 수는 얼마인가요?

개념 정리

1000이 3개, 100이 4개, 10이 2개, 1이 5개이면 3425입니다.

3425는 삼천사백이십오라고 읽습니다.

---

4 나만의 네 자리 수를 정해 1000, 100, 10, 1 을 사용하여 나타내고, 나타낸 수를 쓰고 읽어 보세요.

쓰기 _____   읽기 _____

21

수 카드로 어떤 수를 만들었나요?

[1~2] 가을이가 1부터 9까지의 수 카드를 이용하여 수 만들기 놀이를 하고 있어요.

1 수 카드를 골라 나만의 세 자리 수를 만들어 보세요.

(1) 1부터 9까지의 수 카드 중 3장을 골라 나만의 세 자리 수를 만들어 보세요.

(   )

(2) (1)에서 만든 세 자리 수를 100, 10, 1 을 사용하여 나타내고, 어떻게 나타냈는지 써 보세요.

(3) (1)에서 만든 세 자리 수의 각 자리의 숫자는 얼마를 나타내는지 설명해 보세요.

2 가을이가 수 카드 네 장을 골라 네 자리 수를 만들었어요.

나는 [3] [4] [5] [6] 을 만들었어.

(1) 가을이가 만든 수를 1000, 100, 10, 1 을 사용하여 나타내어 보세요.

(2) 1000, 100, 10, 1 로 나타낸 수를 네 자리 수로 나타내어 보세요.

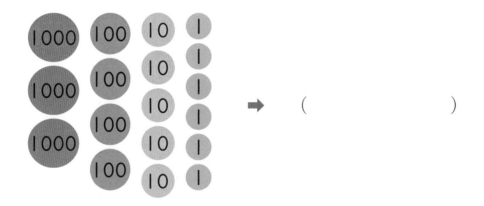

➡ (   )

(3) 가을이가 만든 네 자리 수의 각 자리의 숫자는 얼마를 나타내는지 설명해 보세요.

각 자리의 숫자가 나타내는 값 알아보기

1 네 자리 수를 수 모형으로 나타내었습니다. 각 자리의 숫자는 얼마를 나타내는지 알아보세요.

천 모형	백 모형	십 모형	일 모형
1000이 ☐ 개	100이 ☐ 개	10이 ☐ 개	1이 ☐ 개

(1) ☐ 안에 알맞은 수를 써넣으세요.

(2) 수 모형이 나타내는 네 자리 수는 ☐ 입니다.

(3) 천의 자리, 백의 자리, 십의 자리, 일의 자리 숫자는 각각 얼마를 나타낼까요?

천의 자리 (   ), 백의 자리 (   )

십의 자리 (   ), 일의 자리 (   )

2 3467을 각 자리의 숫자가 나타내는 값의 합으로 나타내어 보세요.

천의 자리	백의 자리	십의 자리	일의 자리
3	4	6	7

↓

천의 자리	백의 자리	십의 자리	일의 자리
3	0	0	0
	4	0	0
		6	0
			7

3467 = _____

3 네 자리 수에서 파란색 숫자가 나타내는 값을 [| | |] 안에 써넣으세요.

(1)
| 6 | 0 | 8 | 3 |

↓

| | | | |

(2)
| 1 | 7 | 9 | 5 |

↓

| | | | |

(3)
| 7 | 3 | 6 | 2 |

↓

| | | | |

(4)
| 4 | 1 | 2 | 8 |

↓

| | | | |

4 상자 안에 숨겨진 수는 무엇일까요?

- 4000보다 크고 5000보다 작습니다.
- 6, 0, 5, 4를 한 번씩 사용하여 만들 수 있는 가장 큰 수입니다.

(   )

개념 정리 각 자리의 숫자가 얼마를 나타내는지 알아볼까요

천의 자리	백의 자리	십의 자리	일의 자리
5	8	4	2

↓

5	0	0	0
	8	0	0
		4	0
			2

5는 천의 자리 숫자이고, 5000을 나타냅니다.
8은 백의 자리 숫자이고, 800을 나타냅니다.
4는 십의 자리 숫자이고, 40을 나타냅니다.
2는 일의 자리 숫자이고, 2를 나타냅니다.
5842=5000+800+40+2

뛰어 세기

[1~4] 수 모형을 보고 물음에 답하세요.

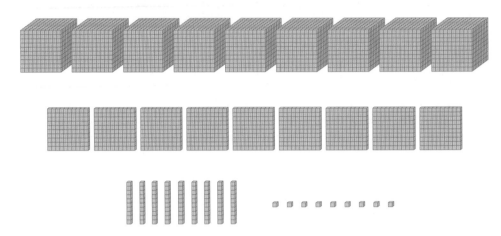

1 천 모형이 나타내는 수를 1000씩 뛰어 세고, 각 자리의 숫자가 어떻게 변하는지 써 보세요.

1000 → □ → □ → □ → □
□ → □ → □ → □

2 이어서 백 모형이 나타내는 수를 100씩 뛰어 세고, 각 자리의 숫자가 어떻게 변하는지 써 보세요.

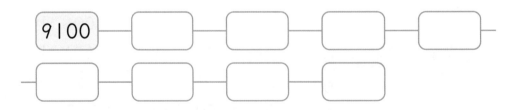

9100 → □ → □ → □ → □
□ → □ → □ → □

3 이어서 십 모형이 나타내는 수를 10씩 뛰어 세고, 각 자리의 숫자가 어떻게 변하는지 써 보세요.

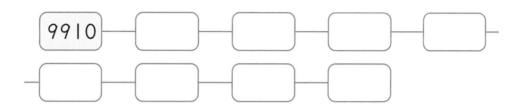

9910

4 이어서 일 모형이 나타내는 수를 1씩 뛰어 세고, 각 자리의 숫자가 어떻게 변하는지 써 보세요.

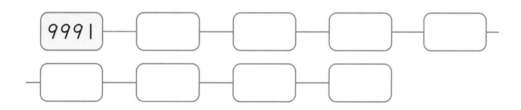

9991

개념 정리 뛰어 세기를 해 볼까요

· 1000씩 뛰어 세면 천의 자리 숫자가 1씩 커집니다.

1312 ― 2312 ― 3312 ― 4312 ― 5312

· 백의 자리 숫자가 1씩 커졌으므로 100씩 뛰어 세었습니다.

2017 ― 2117 ― 2217 ― 2317 ― 2417

누구의 수가 더 큰가요?

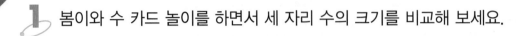

1 봄이와 수 카드 놀이를 하면서 세 자리 수의 크기를 비교해 보세요.

나는 카드 3 , 5 , 6 을 이용해서 세 자리 수 356을 만들었어.

(1) 1부터 9까지의 수 카드 중 세 장을 골라 봄이가 만든 수보다 더 큰 세 자리
수를 만들어 보세요.

(   )

(2) 봄이가 만든 세 자리 수와 내가 만든 세 자리 수의 크기를 비교하고, 어떻게
비교했는지 써 보세요.

2 세 자리 수의 크기를 비교하는 방법을 바탕으로 네 자리 수의 크기를 비교하는 방법
을 예상해 보세요.

3 여름이와 수 카드 놀이를 하면서 네 자리 수의 크기를 비교해 보세요.

나는 카드 2 . 4 . 7 . 8 을 이용해서
네 자리 수 2478. 4782를 만들었어.

(1) **1**부터 **9**까지의 수 카드 중 네 장을 골라 서로 다른 네 자리 수를 만들어 보세요.

( ), ( )

(2) 내가 만든 두 수의 크기를 비교하고, 어떻게 비교했는지 써 보세요.

4 세 자리 수의 크기를 비교하는 방법과 관련지어 네 자리 수의 크기를 비교하는 방법을 설명해 보세요.

수의 크기 비교하기

1 수 모형을 이용하여 **2459**와 **3124**의 크기를 비교하려고 해요.

(1) ○ 안에 > 또는 <를 알맞게 써넣으세요.

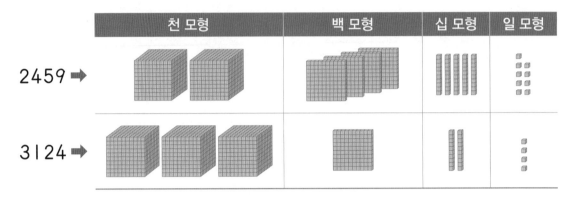

	천 모형	백 모형	십 모형	일 모형
2459 ➡				
3124 ➡				

2459 ◯ 3124

(2) 두 수의 크기를 어떻게 비교했는지 써 보세요.

2 **3718**과 **3124**의 크기를 비교하려고 해요.

(1) 각 자리의 숫자를 써넣고 ○ 안에 > 또는 <를 알맞게 써넣으세요.

	천의 자리	백의 자리	십의 자리	일의 자리
3718 ➡	3			
3124 ➡				

3718 ◯ 3124

(2) 3718과 3124의 크기를 어떻게 비교했는지 써 보세요.

3 세 수의 크기를 비교하려고 해요.

	천의 자리	백의 자리	십의 자리	일의 자리
8372 ➡	8			
6698 ➡				
8901 ➡				

(1) 빈칸에 각 자리의 숫자를 써넣으세요.

(2) 가장 작은 수는 [ ]이고 가장 큰 수는 [ ]입니다.

(3) 세 수의 크기를 어떻게 비교했는지 써 보세요.

개념 정리 | 네 자리 수의 크기 비교하기

① 천의 자리 숫자부터 비교하여 천의 자리 숫자가 큰 수가 더 큽니다.

$$7452 > 6985$$
7>6

② 천의 자리 숫자가 같으면 백의 자리 숫자가 큰 수가 더 큽니다.

$$8534 < 8946$$
5<9

③ 천, 백의 자리 숫자가 같으면 십의 자리 숫자가 큰 수가 더 큽니다.

$$3241 < 3268$$
4<6

④ 천, 백, 십의 자리 숫자가 같으면 일의 자리 숫자가 큰 수가 더 큽니다.

$$4198 > 4193$$
8>3

네 자리 수

스스로 정리 물음에 답하세요.

1 네 자리 수 4852에 대해 알고 있는 것을 자세히 설명해 보세요.

2 두 수의 크기를 비교하고 수의 크기를 비교하는 방법을 정리해 보세요.

두 수의 크기를 비교하는 방법

1110 ◯ 982

6374 ◯ 6368

개념 연결 빈칸을 채우고 두 수의 크기를 비교해 보세요.

주제	설명하기
세 자리 수	• 365는 100이 ☐개, 10이 ☐개, 1이 ☐개인 수입니다. • 504는 ☐ 자리 수입니다.
세 자리 수의 크기 비교	세 자리 수 536과 541의 크기를 비교하는 방법을 써 보세요.

---

1 세 자리 수의 크기를 비교하는 방법을 이용하여 네 자리 수의 크기를 비교하는 방법을 친구에게 편지로 설명해 보세요.

1 색깔별로 각각 다른 크기로 뛰어 세기 한 수를 써넣고 몇씩 뛰어 세기한 것인지 다른 사람에게 설명해 보세요.

- [   ] 2482 [   ] [   ] [   ]

- [   ] 2482 [   ] [   ] [   ]

- [   ] 2482 [   ] [   ] [   ]

2 1부터 9까지의 수 중 ☐ 안에 들어갈 수 있는 수를 모두 쓰고 다른 사람에게 그 이유를 설명해 보세요.

67☐5>6764

네 자리 수는
이렇게 연결돼요.

 세 자리 수 네 자리 수 세 자리 수의 덧셈과 뺄셈 큰 수

1 1000을 나타내는 말을 모두 찾아 기호를 써 보세요.

> ㉠ 1이 100개인 수
> ㉡ 10이 10개인 수
> ㉢ 100이 10개인 수
> ㉣ 990보다 10 큰 수

(   )

2 빈칸에 알맞은 수를 써넣어 1000을 만들어 보세요.

(1)

700

(2)

500

3 구슬이 한 상자에 1000개씩 들어 있습니다. 구슬 3000개를 사려면 몇 상자를 사야 할까요?

(   )

4 수 모형이 나타내는 네 자리 수를 쓰고 읽어 보세요.

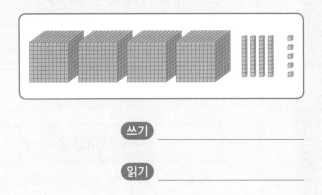

쓰기 _____

읽기 _____

5 ☐ 안에 알맞은 수를 써넣으세요.

1000이 4개
100이 16개
10이 9개
1이 8개
이면 [   ]

6 숫자 4가 4000을 나타내는 수를 찾아 색칠해 보세요.

6034	4967
5481	7842

7 밑줄 친 숫자 **7**이 나타내는 수가 가장 큰 것에 ○표, 가장 작은 것에 △표 해 보세요.

3712 8267 9273 7012

8 수 카드 4장을 한 번씩만 사용하여 만들 수 있는 네 자리 수 중에서 백의 자리 숫자 가 2인 수는 모두 몇 개인가요?

| 1 | 2 | 5 | 6 |

(   )

9 얼마씩 뛰어 세었는지 풀이 과정을 쓰고 답을 구해 보세요.

6085 — 6185 — 6285 — 6385

풀이

(   )

10 빈 곳에 알맞은 수를 써넣으세요.

3805		5805	
	4705		
	4605		6605
	4305		

11 두 수의 크기를 비교하여 ○ 안에 > 또 는 <를 알맞게 써넣으세요.

(1) 7193 ◯ 5974

(2) 6303 ◯ 6826

12 1부터 9까지의 수 중에서 □ 안에 들어 갈 수 있는 수를 모두 구해 보세요.

5768<57□4

(   )

1 혜림이는 100원짜리 동전 8개, 10원짜리 동전 10개를 가지고 있습니다. 1000원이 되려면 얼마가 더 있어야 하나요?

(   )

2 일기의 밑줄 친 수 중에서 두 번째로 큰 수를 찾아 써 보세요.

> 아빠, 엄마, 동생과 함께 공원으로 소풍을 가기로 한 날이다. 집 앞 버스 정류장에서 칠천칠 번 버스를 타고 공원에 도착했다.
>
> 아빠는 이 공원이 2016년에 만들어졌고 작년 한 해 동안 5834명이나 방문했을 정도로 멋진 곳이라고 말씀하셨다. 우리 가족은 구천 원을 내고 4인용 자전거를 빌려 공원을 구석구석 둘러보았다. 공원 곳곳에서 가을 풍경을 실컷 즐길 수 있었다.
>
> 날이 어두워지려고 하자 7012번 버스를 타고 시장에 잠시 들렀다가 집으로 돌아왔다. 신나는 일로 가득한 하루였다.

(   )

3 □ 안에 알맞은 수를 써넣으세요.

> 내 선수 번호는 2036이야.
> 1000이 ☐개, 100이 ☐개,
> 10이 ☐개, 1이 ☐개인 수야.
> 2가 나타내는 수는 ☐이야.
> ☐은/는 십의 자리 숫자야.

> 내 선수 번호는 네 자리 수야.
> 네 개의 숫자 중 숫자 5가 나타내는 수는 5000이야.
> 백의 자리 숫자는 7이고
> 십의 자리 숫자는 1이야.
> 네 개의 숫자 중 숫자 9가 나타내는 수는 9야.
> 내 선수 번호는 ☐야.

4 온라인 상점에서 빨대를 주문하려고 합니다. 큰 봉지에는 빨대가 100개씩, 작은 봉지에는 빨대가 10개씩 들어 있습니다. 봄이는 장바구니에 큰 봉지 20개, 작은 봉지 200개를 담았습니다. 빨대를 모두 5000개 주문하려면 몇 개를 더 주문해야 하나요?

> **풀이**
>
>
>
>
>
>
>
>

(   )

5 8월에 저금통에는 500원이 들어 있었습니다. 9월의 첫날부터 매달 첫날에 2000원씩 저금한다면 12월의 마지막 날에 저금통에 들어 있는 돈은 모두 얼마인가요?

> **풀이**
>
>
>
>
>
>
>

(   )

2 우쿨렐레의 줄은 모두 몇 개일까요?

곱셈구구

★ 2씩, 3씩, 4씩 … 9씩 늘어나는 수를 구할 수 있어요.

★ 어떤 수에 1 또는 0을 곱하면 어떻게 되는지 알 수 있어요.

★ 곱셈표에서 규칙을 찾을 수 있어요.

꼬리에 꼬리를 무는 개념 ✦

곱셈
- 여러 가지 방법으로 세기
- 몇씩 몇 묶음 알기
- 몇의 몇 배 알기
- 곱셈식으로 나타내기

나눗셈
- 똑같이 나누기
- 곱셈과 나눗셈의 관계 알아보기
- 나눗셈의 몫을 곱셈식으로 구하기
- 나눗셈의 몫을 곱셈구구로 구하기

2-1-3

2-2-2

2-1-6

3-1-3

덧셈과 뺄셈
- 두 자리 수의 덧셈과 뺄셈
- 덧셈과 뺄셈의 관계
- 덧셈식, 뺄셈식에서 □의 값 구하기
- 세 수의 계산하기

곱셈구구
- 2단부터 9단까지의 곱셈구구 알기
- 1단 곱셈구구와 0과 어떤 수의 곱 알기
- 곱셈표에서 규칙 찾기
- 곱셈식으로 나타내기

스스로 계획 짜기 ✏

1일차	2일차	3일차	4일차	5일차
____월 ____일	____월 ____일	____월 ____일	____월 ____일	____월 ____일

6일차	7일차	8일차
____월 ____일	____월 ____일	____월 ____일

묶어 세기와
뛰어 세기

몇의 몇 배

곱셈으로
나타내기

기억 1 묶어 세기와 뛰어 세기로 물건의 수 세기

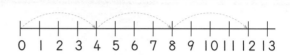

연필이 3자루씩 5묶음 있습니다.

3씩 5묶음을 계산하면

$3+3+3+3+3=15$

4씩 3번 뛰어 세었으므로

$4+4+4=12$

1 지우개는 모두 몇 개인지 묶어 세어 알아보세요.

(1) **2**씩 몇 묶음인가요?

(   )

(2) **4**씩 몇 묶음인가요?

(   )

(3) 지우개는 모두 몇 개인가요?

(   )

 2 **7**씩 **3**번 뛰어 세면 얼마인지 알아보세요.

7씩 3번 뛰어 세면 $7+7+7=21$

곱셈식으로 나타내면 ☐ × ☐ = ☐

- 5마리씩 4묶음은 5의 4배와 같습니다.
- 5마리씩 4묶음은 모두 20마리입니다.
- 5의 4배는 20입니다.
- 5의 4배는 곱셈으로 5×4라고 씁니다. 5×4는 5 곱하기 4라고 읽습니다.

3 그림을 보고 □ 안에 알맞은 수를 써넣으세요.

(1)

12는 4의 □ 배입니다.

$4 \times \boxed{} = 12$

(2)

6의 □ 배는 □ 입니다.

$6 \times \boxed{} = \boxed{}$

4 □ 안에 알맞은 수를 써넣으세요.

(1) $5+5+5+5=5 \times \boxed{}$

(2) $6+6+6+6+6+6=6 \times \boxed{}$

(3) $8 \times 4 = \boxed{}$

(4) $4 \times 8 = \boxed{}$

(5) $9 \times 3 = \boxed{}$

(6) $7 \times 5 = \boxed{}$

우쿨렐레의 줄은 모두 몇 개일까요?

1 봄이는 방과후학교에서 우쿨렐레를 배우고 있습니다. 우쿨렐레는 줄이 4개입니다.
방과후교실에는 우쿨렐레가 5개 있어요.

(1) 우쿨렐레 5개의 줄은 모두 몇 개인지 알아내는 방법을 설명해 보세요.

(2) 우쿨렐레가 6개이면 줄은 모두 몇 개인지 알아내는 방법을 설명해 보세요.

(3) 우쿨렐레가 **8**개 있을 때 봄이는 우쿨렐레 줄이 모두 **28**개라고 말했습니다.
봄이가 줄의 수를 바르게 세었나요? 그렇게 생각한 이유를 써 보세요.

2 과수원에서 배를 한 상자에 **6**개씩 담아 포장하고 있습니다. 물음에 답하세요.

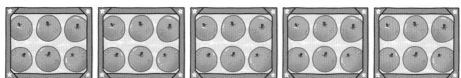

(1) 배 **5**상자를 만들기 위해 필요한 배의 개수를 구하는 방법을 설명해 보세요.

(2) 여름이는 배 **8**상자를 만들기 위해 필요한 배의 개수를 6+6+6+6+6+6+6+6=48로 계산하면 된다고 말했습니다. 여름이가 배의 개수를 바르게 계산했나요? 그렇게 생각한 이유를 쓰고 더 쉬운 방법이 있으면 설명해보세요.

2의 단 곱셈구구

1 □ 안에 알맞은 수를 써넣으세요.

(1) 0에서 20까지 2씩 뛰어 세기를 할 때, □ 안에 알맞은 수를 써넣으세요.

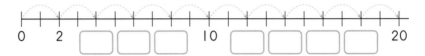

0   2   □ □ □   10   □ □ □ □   20

(2) 2의 몇 배를 알아보세요.

실내화는 2짝이 1켤레예요.
실내화 3켤레는 2×3짝이에요.

실내화 1켤레가 더 있다면
모두 8짝이에요.

2×3=□

2×□=8

2 실내화는 모두 몇 짝일까요? 그림을 보고 □ 안에 알맞은 수를 써넣으세요.

👟👟	2×□=2
👟👟 👟👟	2×□=□ ← 실내화가 2짝씩 2켤레 2+2=2×2=4
👟👟 👟👟 👟👟	2×□=6 ← 실내화가 2짝씩 3켤레 2+2+2=2×3=6
👟👟 👟👟 👟👟 👟👟	2×□=□
👟👟 👟👟 👟👟 👟👟 👟👟	2×5=□
👟👟 👟👟 👟👟 👟👟 👟👟 👟👟	□×□=□

3 2×7은 얼마인지 알아보세요.

2×6

2×7

(1) 2×7을 ○를 그려서 나타내어 보세요.

(2) 2×7은 2×6보다 얼마나 더 큰가요?

(3) 2×7은 얼마인가요?

4 2의 단 곱셈구구를 알아보세요.

2×1=⬜

2×2=⬜

2×3=⬜

2×4=⬜

2×5=10

2×6=⬜

2×7=⬜

2×8=⬜

2×9=⬜

(1) 왼쪽의 2의 단 곱셈구구를 완성해 보세요.

(2) 2의 단 곱셈구구에서 곱하는 수가 1씩 커지면 곱은 얼마씩 커지나요?

(3) 2×10은 얼마인지 2의 단 곱셈구구를 이용하여 구하고 어떻게 구했는지 설명해 보세요.

개념 정리 2의 단 곱셈구구

×	1	2	3	4	5	6	7	8	9
2	2	4	6	8	10	12	14	16	18

2의 단 곱셈구구에서는 곱하는 수가 1씩 커지면 곱이 2씩 커집니다.

5의 단 곱셈구구

1 손 장난감이 **4**개 있습니다. 물음에 답하세요.

(1) 손가락은 모두 ☐ 개입니다.

(2) 손가락의 수를 어떻게 알아냈는지 써 보세요.

(3) 손가락의 수는 모두 몇 개일까요? ☐ 안에 알맞은 수를 써넣으세요.

	$5+5=$ ☐	$5 \times$ ☐ $=$ ☐
	$5+5+5=$ ☐	$5 \times$ ☐ $=$ ☐
	$5+5+5+5=$ ☐	$5 \times$ ☐ $=$ ☐

2 5×5는 얼마인지 알아보세요.

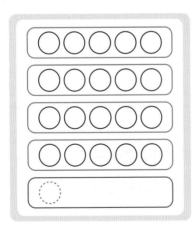

(1) 5×5를 ○를 그려서 나타내어 보세요.

(2) 5×5는 5×4보다 ☐ 더 큽니다.

(3) 5×5는 ☐ 입니다.

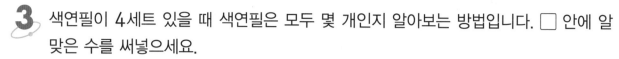

3 색연필이 4세트 있을 때 색연필은 모두 몇 개인지 알아보는 방법입니다. ☐ 안에 알맞은 수를 써넣으세요.

5×4는 5를 ☐ 번 더한 것과 같습니다. 5+☐+☐+☐ =☐ 5×☐=20입니다.	5×4는 5×3보다 ☐ 더 큽니다. 5×4=☐입니다.	5×4는 5×2의 ☐ 배입니다. 5×2=☐입니다. 5×4=☐입니다.

4 5의 단 곱셈구구를 알아보세요.

5×1=5
5×2=10
5×3=15
5×4=20
5×5=☐
5×6=☐
5×7=☐
5×8=☐
5×9=☐

(1) 왼쪽의 5의 단 곱셈구구를 완성해 보세요.

(2) 5의 단 곱셈구구에서 곱하는 수가 1씩 커지면 곱은 얼마씩 커지나요?

(3) 5×8은 얼마인가요? 알아낸 방법을 써 보세요.

개념 정리 5의 단 곱셈구구

×	1	2	3	4	5	6	7	8	9
5	5	10	15	20	25	30	35	40	45

5의 단 곱셈구구에서는 곱하는 수가 1씩 커지면 곱이 5씩 커집니다.

4와 8의 단 곱셈구구

1 성냥개비는 모두 몇 개인지 곱셈식으로 나타내어 보세요.

2 4의 단 곱셈 구구를 알아보세요.

(1) □ 안에 알맞은 수를 써넣으세요.

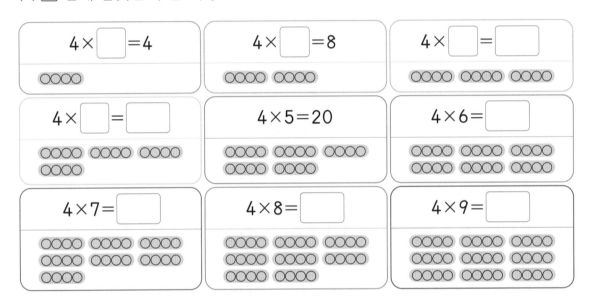

$4 \times \square = 4$

$4 \times \square = 8$

$4 \times \square = \square$

$4 \times \square = \square$

$4 \times 5 = 20$

$4 \times 6 = \square$

$4 \times 7 = \square$

$4 \times 8 = \square$

$4 \times 9 = \square$

(2) $4 \times 4 = 16$을 알고 있을 때, 4×8의 곱을 알 수 있는 방법을 써 보세요.

개념 정리 4의 단 곱셈구구

×	1	2	3	4	5	6	7	8	9
4	4	8	12	16	20	24	28	32	36

4의 단 곱셈구구에서는 곱하는 수가 1씩 커지면 곱이 4씩 커집니다.

3 문어가 6마리 있습니다. 물음에 답하세요.

다리 8개→

(1) 문어 6마리의 다리 수는 [ ]입니다.

(2) 문어가 5마리이면 문어의 다리는 몇 개인지 설명해 보세요.

4 8의 단 곱셈구구를 알아보세요.

8×1=8

8×2=[ ]

8×[ ]=24

8×[ ]=32

8×5=[ ]

8×6=48

8×7=[ ]

8×8=64

8×9=[ ]

(1) 왼쪽의 8의 단 곱셈구구를 완성해 보세요.

(2) 8×4와 4×8의 곱은 얼마인지 비교해 보세요.

(3) □ 안에 알맞은 수를 써넣으세요.

8×3=[ ]   3×[ ]=24

8×[ ]=48   [ ]×8=48

개념 정리 8의 단 곱셈구구

×	1	2	3	4	5	6	7	8	9
8	8	16	24	32	40	48	56	64	72

8의 단 곱셈구구에서는 곱하는 수가 1씩 커지면 곱이 8씩 커집니다.

3과 6의 단 곱셈구구

1 구슬을 3개씩 묶어서 세어 보세요.

(1) 구슬을 3개씩 묶어 보세요.

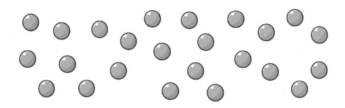

(2) 구슬의 수를 알기 위한 곱셈식을 써 보세요.

(3) 구슬이 3개 더 있으면 구슬은 모두 몇 개인지 알아보는 곱셈식을 써 보세요.

2 구슬을 6개씩 묶어서 세어 보세요.

(1) 구슬을 6개씩 묶어 보세요.

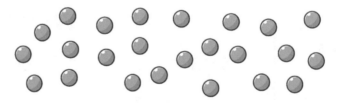

(2) 구슬의 수를 알기 위한 곱셈식을 써 보세요.

(3) 구슬이 6개 더 있으면 구슬은 모두 몇 개인지 알아보는 곱셈식을 써 보세요.

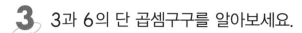

3 3과 6의 단 곱셈구구를 알아보세요.

(1) ☐ 안에 알맞은 수를 써넣으세요.

$3 \times 1 = 3$
$3 \times 2 = 6$
$3 \times 3 = \boxed{}$
$3 \times 4 = 12$
$3 \times 5 = 15$
$3 \times 6 = \boxed{}$
$3 \times 7 = 21$
$3 \times 8 = \boxed{}$
$3 \times 9 = \boxed{}$

$6 \times 1 = 6$
$6 \times 2 = 12$
$6 \times 3 = 18$
$6 \times 4 = \boxed{}$
$6 \times 5 = 30$
$6 \times 6 = \boxed{}$
$6 \times 7 = \boxed{}$
$6 \times 8 = 48$
$6 \times 9 = \boxed{}$

(2) 3의 단 곱셈구구에서 곱하는 수가 1씩 커지면 곱은 얼마씩 커지나요?

(3) 6×6은 얼마인가요? 알아낸 방법을 써 보세요.

개념 정리 3과 6의 단 곱셈구구

×	1	2	3	4	5	6	7	8	9
3	3	6	9	12	15	18	21	24	27

3의 단 곱셈구구에서는 곱하는 수가 1씩 커지면 곱이 3씩 커집니다.

×	1	2	3	4	5	6	7	8	9
6	6	12	18	24	30	36	42	48	54

6의 단 곱셈구구에서는 곱하는 수가 1씩 커지면 곱이 6씩 커집니다.

7의 단 곱셈구구

1 무당벌레 **|**마리의 등에 점이 **7**개씩 있습니다. 물음에 답하세요.

(1) 무당벌레 **6**마리의 등에 있는 점은 몇 개인지 곱셈식으로 나타내어 보세요.

(2) 무당벌레가 **|**마리 더 많아진다면 점은 몇 개가 더 늘어나나요?

(3) 무당벌레 **7**마리의 등에 있는 점은 몇 개인지 곱셈식으로 써 보세요.

2 7×4를 알고 있을 때 7×8을 구하는 방법을 알아보세요.

(1) 7×4는 얼마인가요?

(   )

(2) 7×4를 이용하여 7×8의 값을 구하는 방법을 써 보세요.

3 7의 단 곱셈구구를 알아보세요.

$7 \times 1 = \boxed{}$

$7 \times 2 = \boxed{}$

$7 \times 3 = 21$

$7 \times 4 = \boxed{}$

$7 \times 5 = \boxed{}$

$7 \times 6 = 42$

$7 \times 7 = 49$

$7 \times \boxed{} = 56$

$7 \times 9 = \boxed{}$

(1) 왼쪽의 **7**의 단 곱셈구구를 완성해 보세요.

(2) **7**의 단 곱셈구구에서 곱하는 수가 **I**씩 커지면 곱은 얼마씩 커지나요?

(3) ☐ 안에 알맞은 수를 써넣으세요.

$7 \times 4 = \boxed{}$ $4 \times \boxed{} = 28$

$7 \times \boxed{} = 35$ $\boxed{} \times 7 = 35$

(4) **7×6**은 얼마인지 설명해 보세요.

7×5를 이용하기	7×3을 이용하기

개념 정리 **7**의 단 곱셈구구

×	I	2	3	4	5	6	7	8	9
7	7	14	21	28	35	42	49	56	63

7의 단 곱셈구구에서는 곱하는 수가 **I**씩 커지면 곱이 **7**씩 커집니다.

9의 단 곱셈구구

1 바둑판에 바둑돌을 놓았습니다. 물음에 답하세요.

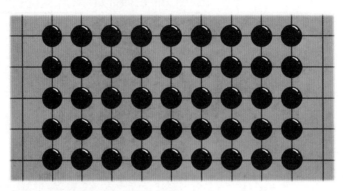

(1) 에는 ● 이 몇 개 있나요?

(   )

(2) 바둑판에는 이 몇 줄 있나요?

(   )

(3) ● 이 모두 몇 개인지 알아보는 방법을 곱셈식으로 써 보세요.

2 9×6을 이용하여 9×5의 값을 알아보세요.

(1) 9×6은 얼마인가요?

(   )

(2) 9×6을 이용하여 9×5의 값을 구하는 방법을 써 보세요.

3 9의 단 곱셈구구를 알아보세요.

$9 \times 1 = 9$

$9 \times 2 = \boxed{}$

$9 \times 3 = 27$

$9 \times \boxed{} = 36$

$9 \times 5 = 45$

$9 \times 6 = \boxed{}$

$9 \times \boxed{} = 63$

$9 \times 8 = \boxed{}$

$9 \times 9 = 81$

(1) 왼쪽의 9의 단 곱셈구구를 완성해 보세요.

(2) 9의 단 곱셈구구에서 곱하는 수가 1씩 커지면 곱은 얼마씩 커지나요?

(3) □ 안에 알맞은 수를 써넣으세요.

$9 \times 5 = \boxed{}$ $5 \times \boxed{} = 45$

$7 \times \boxed{} = 63$ $\boxed{} \times 7 = 63$

(4) 9의 단 곱셈구구의 곱을 쓰고, 곱에서 발견할 수 있는 규칙을 써 보세요.

9, 18, $\boxed{}$, $\boxed{}$, 45, $\boxed{}$, $\boxed{}$, 72, 81

개념 정리 9의 단 곱셈구구

×	1	2	3	4	5	6	7	8	9
9	9	18	27	36	45	54	63	72	81

9의 단 곱셈구구에서는 곱하는 수가 1씩 커지면 곱이 9씩 커집니다.

1의 단 곱셈구구와 0의 곱

1 새장 1개에 새가 1마리씩 들어 있습니다. 물음에 답하세요.

(1) 새장 **2**개에 들어 있는 새는 몇 마리일까요?

1 × ☐ = ☐

(2) 새장 **5**개에 들어 있는 새는 몇 마리일까요?

1 × ☐ = ☐

(3) 새장 **8**개에 들어 있는 새는 몇 마리일까요?

1 × ☐ = ☐

2 1의 단 곱셈구구를 알아보세요.

(1) 1의 단 곱셈표를 만들어 보세요.

×	1	2	3	4	5	6	7	8	9
1									

(2) 1과 어떤 수의 곱은 얼마가 되는지 설명해 보세요.

3 0의 곱에 대해 알아보세요.

(1) 투호 통에 들어간 화살의 수를 보고 □ 안에 알맞은 수를 써넣으세요.

🏺🏺🏺	0+0+0=□	0×3=□
🏺🏺🏺🏺🏺	0+0+0+0+0=□	0×5=□

(2) 0×8은 얼마인지 설명해 보세요.   (3) 8×0은 얼마인지 설명해 보세요.

(4) □ 안에 알맞은 수를 써넣으세요.

5×0=□   0×6=□   7×□=0

(5) 0에 어떤 수를 곱하거나 어떤 수에 0을 곱하면 결과는 어떻게 되나요?

개념 정리 **I의 단 곱셈구구와 0의 곱**

I의 단 곱셈구구
- I과 어떤 수의 곱은 항상 어떤 수가 됩니다.
- 어떤 수와 I의 곱은 항상 어떤 수가 됩니다.

0의 곱
- 0과 어떤 수의 곱은 항상 0입니다.
- 어떤 수와 0의 곱은 항상 0입니다.

곱셈표를 만들 수 있나요?

 가을이는 지금까지 공부한 곱셈구구를 이용하여 곱셈구구 놀이판을 만들고 있어요.

×	0	1	2	3	4	5	6	7	8	9
0	0	0								
1		1			4				8	
2			4					14		
3				9						27
4									32	
5				15		25				
6										
7		7						49		
8					32					72
9										

(1) 곱셈구구 놀이판을 완성해 보세요.

(2) **6**의 단 곱셈구구를 색칠하고 곱의 변화를 설명해 보세요.

(3) 가을이는 왼쪽으로 **7**씩 작아지는 규칙이 있는 수를 찾으려면 **7**의 단 곱셈구구를 찾으면 된다고 말합니다. 가을이의 말이 맞는지 설명해 보세요.

(4) 곱셈표에서 찾을 수 있는 곱셈구구의 규칙을 말해 보세요.

2 원에서 곱셈구구의 규칙을 찾아보려고 합니다. 물음에 답하세요.

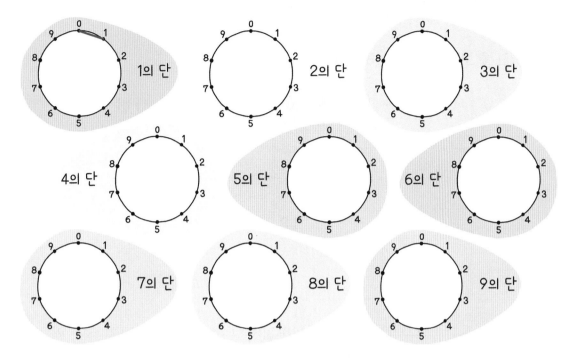

(1) 곱의 일의 자리 숫자가 0에서 시작해서 다시 0으로 돌아올 때까지 곱의 일의 자리 숫자를 차례로 이어 보세요. 또 규칙에 따라 원 위의 수를 선으로 연결한 뒤 나온 모양을 기준을 정해 분류해 보세요.

(2) 겨울이는 곱의 일의 자리 숫자가 어떤 순서로 바뀌는지 알면 몇의 단 곱셈구구인지 알 수 있다고 합니다. 겨울이의 말이 맞는지 설명해 보세요.

곱셈표 만들기

1 곱셈표를 보고 물음에 답하세요.

×	0	1	2	3	4	5	6	7	8	9
0										
1			2	3	4					
2	0							14		
3	0	3					18			
4				12						
5										45

(1) 빈칸에 알맞은 수를 써넣어 곱셈표를 완성해 보세요.

(2) 5의 단 곱셈구구를 파란색으로 색칠하고 곱이 얼마씩 커지는지 써 보세요.

(3) 0과의 곱에 대해 설명해 보세요.　　(4) 1과의 곱에 대해 설명해 보세요.

개념 정리 | 곱셈구구표에서 규칙 찾기

×	5	6	7	8	9
5	25	30	35	40	45
6	30	36	42	48	54
7	35	42	49	56	63

- ▨ 은 아래로 9씩 커지는 규칙입니다. 또는 위로 9씩 작아지는 규칙입니다.
- ▨ 은 오른쪽으로 6씩 커지는 규칙입니다. 또는 왼쪽으로 6씩 작아지는 규칙입니다.

2 6×8과 8×6을 알아보세요.

(1) 그림을 보고 ☐ 안에 알맞은 수를 써넣으세요.

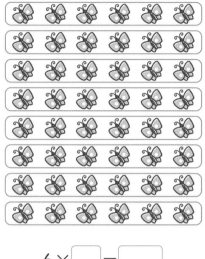 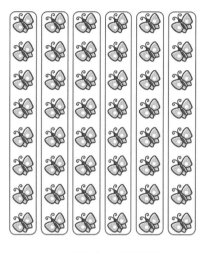

6 × ☐ = ☐   8 × ☐ = ☐

(2) 6×8과 8×6의 곱을 비교하여 알게 된 것은 무엇인지 써 보세요.

(3) 문제 **1**의 곱셈표에서 곱이 같은 곱셈구구를 찾아 ☐ 안에 써넣으세요.

• 5×2와 곱이 같은 곱셈구구는 ☐ × ☐ 입니다.

• 3×4와 곱이 같은 곱셈구구는 ☐ × ☐ 입니다.

3 알맞은 곱셈구구를 써 보세요.

곱이 28인 곱셈구구	
곱이 12인 곱셈구구	
곱이 36인 곱셈구구	

곱셈구구

곱셈구구를 써 보세요.

1 3의 단 곱셈구구	**2** 7의 단 곱셈구구	**3** 9의 단 곱셈구구

개념 연결 빈칸에 알맞은 수를 써넣고 모두 몇 개인지 식으로 나타내어 보세요.

주제	빈칸에 알맞은 수를 써넣고, 식으로 나타내기
몇의 몇 배	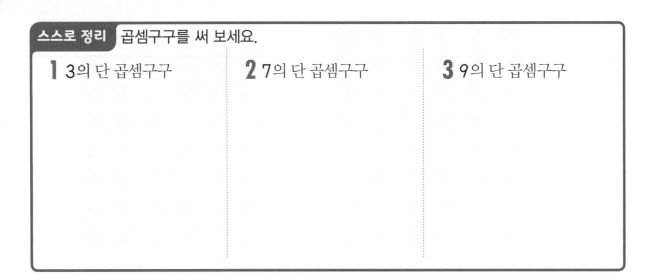
덧셈식과 곱셈식	모두 몇 개인지 덧셈식과 곱셈식으로 나타내어 보세요. 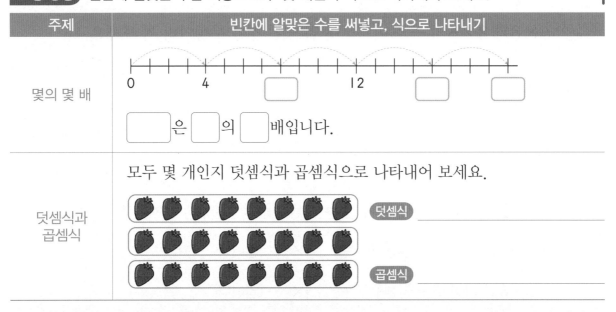

1 몇의 몇 배, 덧셈식과 곱셈식을 연결하여 $9+9+9+9$의 합을 구하는 방법을 친구에게 편지로 설명해 보세요.

1 (조건)에 맞는 수를 모두 구하고 구한 방법을 다른 사람에게 설명해 보세요.

조건
- 6의 단 곱셈구구에 나오는 수입니다.
- 5×4보다 큰 수입니다.
- 4의 단 곱셈구구에도 있습니다.

2 과자가 모두 몇 개인지 알아보려고 합니다. 잘못된 방법을 찾고 그 이유를 다른 사람에게 설명해 보세요.

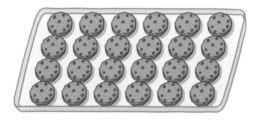

⊙ 6을 4번 더해서 구합니다.   ⊙ 4×5에 4를 더해서 구합니다.
⊙ 8×4의 곱으로 구합니다.   ⊙ 3×7에 3을 더해서 구합니다.

곱셈구구는 이렇게 연결돼요.   곱셈의 의미와
곱셈식   곱셈구구   나눗셈   (두 자리 수)
×(한 자리 수)

1 그림을 보고 □ 안에 알맞은 수를 써넣으세요.

$$6 \times \boxed{} = \boxed{}$$

2 □ 안에 알맞은 수를 써넣으세요.

(1) $2 \times 4 = \boxed{}$ $2 \times 5 = \boxed{}$

$2 \times \boxed{} = 12$ $2 \times \boxed{} = 14$

(2) $9 \times 9 = \boxed{}$ $9 \times 8 = \boxed{}$

$9 \times \boxed{} = 63$ $9 \times \boxed{} = 54$

3 7의 단 곱셈구구의 곱을 찾아 ○표 해 보세요.

10	14	20	24	28
30	35	50	56	64

4 6의 단 곱셈구구의 값을 찾아 선으로 이어 보세요.

6×4 ·

6×6 ·

6×8 ·

· 36

· 30

· 24

· 48

5 달걀이 한 상자에 5개씩 들어 있습니다. 상자 6개에 들어 있는 달걀은 모두 몇 개인가요?

(   )

6 계산해 보세요.

(1) 0×8

(2) 8×0

(3) 9×0

7 접시 I개에 숟가락이 I개씩 놓여 있습니다. 접시 7개에 놓여 있는 숟가락은 모두 몇 개인가요?

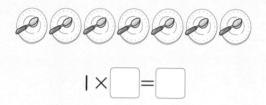

$$ I \times \boxed{} = \boxed{} $$

8 ○ 안에 > 또는 <를 알맞게 써넣으세요.

(1) 8×2 ◯ 6×3

(2) $I \times I$ ◯ 9×0

(3) 5×4 ◯ 3×7

9 빈칸에 알맞은 수를 써넣으세요.

×	2	3	5	7	9
2	4			14	18
3	6	9			27
5			25	35	45

10 곱셈표를 보고 물음에 답하세요.

×	1	2	3	4	5	6	7
6	6	12	18		30	36	42
7	7	14		28	35	42	49
8	8	16	24	32		48	56
9	9	18	27	36	45	54	

(1) 빈칸에 알맞은 수를 써넣으세요.

(2) 다음은 ▨와 ▨으로 색칠된 칸에서 알 수 있는 규칙입니다. □ 안에 알맞은 수를 써넣으세요.

▨으로 색칠된 칸은 오른쪽으로 $\boxed{}$ 씩 커지는 규칙입니다.

▨으로 색칠된 칸은

$8 \times \boxed{} = 8$, $8 \times \boxed{} = 16$,

$8 \times \boxed{} = 24$, $8 \times 4 = 32$입니다.

▨으로 색칠된 칸은 아래쪽으로 $\boxed{}$ 씩 커지는 규칙입니다.

▨으로 색칠된 칸은 $6 \times 6 = 36$,

$\boxed{} \times 6 = 42$, $\boxed{} \times 6 = 48$,

$\boxed{} \times 6 = 54$입니다.

1 여름이는 색종이로 사각형과 오각형을 만들었습니다. 만든 도형의 변은 모두 몇 개인가요?

사각형	오각형
7개	4개

(   )

2 빈칸에 알맞은 수를 써넣으세요.

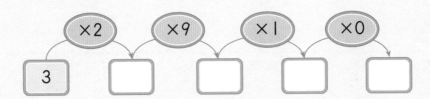

3 어떤 수에 4를 곱해야 할 것을 잘못하여 더했더니 3×4의 곱과 같았습니다. 바르게 계산하면 얼마인지 구해 보세요.

(   )

4 빈칸에 알맞은 수를 써넣으세요.

(1)

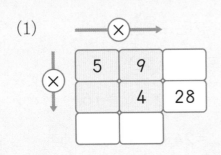

(2)

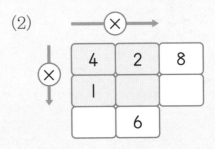

5 가을이는 성냥개비로 별 모양을 만들어 카시오페이아 별자리가 되도록 붙이려고 합니다. 성냥개비는 모두 몇 개가 필요한가요?

(   )

6 봄이와 겨울이는 곱셈표 완성하기 놀이를 하고 있습니다. 빈칸에 알맞은 수를 써넣어 곱셈표를 완성해 보세요.

봄

×	2	4	6	
1	2		6	8
4	8	16		32
6	12		36	48
	16	32		64

×	1	3	5	
	0	0	0	0
7	7	21		49
8		24	40	56
9		27	45	

겨울

7 여름이가 만든 다섯고개 문제입니다. 여름이가 말하는 수는 무엇일까요?

① 나는 두 자리 수입니다.

② 나는 4의 단 곱셈구구에서 찾을 수 있습니다.

③ 나는 3×8보다는 작은 수입니다.

④ 나는 2의 단 곱셈구구에서도 찾을 수 있습니다.

⑤ 나는 6의 단 곱셈구구에서도 찾을 수 있습니다.

(   )

8 쿠키는 모두 몇 개인지 두 가지 방법으로 설명해 보세요.

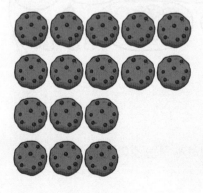

3 옷장의 길이는 무엇으로 잴까요?

길이 재기

★ m와 cm를 이용하여 길이를 나타낼 수 있어요.
★ 길이를 어림할 수 있고 더하거나 뺄 수도 있어요.

꼬리에 꼬리를 무는 개념

1-1-4

길이 재기
- 직접 비교와 간접 비교하기
- 임의 단위로 길이 재기
- 표준 단위 1 cm로 길이 재기
- 양감 기르기

2-2-3

길이와 시간
- 1 cm=10 mm를 알고 나타내기
- 1 km=1000 m를 알고 나타내기
- 1분=60초를 알고 시간을 초 단위로 읽기
- 시간의 덧셈과 뺄셈하기

비교하기
- 구체물의 길이, 들이, 무게, 넓이 비교하기
- '길다, 짧다', '많다, 적다', '무겁다, 가볍다', '넓다, 좁다' 구별하기

2-1-4

길이 재기
- 길이를 1 m와 1 cm로 나타내기
- 물건의 길이나 거리를 어림하기
- 길이의 덧셈과 뺄셈

3-1-5

스스로 계획 짜기

1일차	2일차	3일차	4일차	5일차
____월 ____일	____월 ____일	____월 ____일	____월 ____일	____월 ____일

6일차
____월 ____일

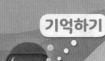

 2-1 길이 비교하기, 임의 단위로 길이 재기

 2-1 1 cm, 자로 길이 재기

 2-1 길이 어림하기

기억 1 길이 비교하기 및 임의 단위(물건, 손뼘 등)로 길이 재기

- 2가지 이상의 대상의 길이를 비교할 때 사용할 수 있는 말
  ➡ '더 길다', '더 짧다', '가장 길다', '가장 짧다'
- 길이를 잴 때 사용할 수 있는 단위는 여러 가지입니다.

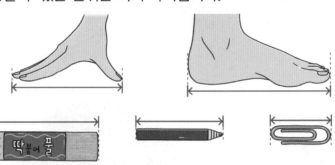

1 다음 중 가장 긴 연필에 ○표, 가장 짧은 연필에 △표 해 보세요.

(   )

(   )

(   )

2 ☐ 안에 알맞은 수를 써넣으세요.

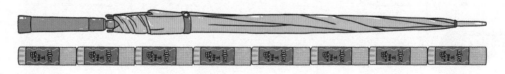

➡ 우산의 길이는 딱풀로 ☐ 번입니다.

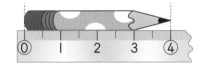의 길이를 라 쓰고 1 센티미터라고 읽습니다.

• 자로 길이 재기

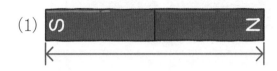

① 연필의 한쪽 끝을 자의 눈금 0에 맞춥니다.

② 연필의 다른 쪽 끝에 있는 자의 눈금을 읽습니다.

➡ 연필의 길이는 4 cm입니다.

3 물건의 길이를 자로 재어 보세요.

(1) 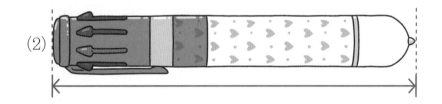   ☐ cm

(2)   ☐ cm

어림한 길이를 말할 때는 숫자 앞에 약을 붙입니다.

4 나사못의 길이는 몇 cm인가요?

(1) 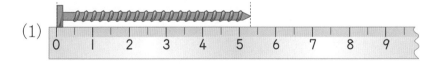   약 ☐ cm

(2)    약 ☐ cm

옷장의 길이는 무엇으로 잴까요?

1 여름이와 봄이는 클립과 10 cm 자를 이용하여 칠판의 길이를 재려고 해요.

(1) 나라면 클립과 10 cm 자 중에서 무엇으로 칠판의 길이를 잴까요? 그 이유를 써 보세요.

(2) 클립이나 10 cm 자를 이용하여 칠판의 길이를 잴 때 불편한 점은 무엇인가요?

(3) 불편한 점을 해결하려면 어떻게 하면 좋을까요?

2 가을이는 서로 다른 **3**개의 자를 이용하여 여러 가지 물건의 길이를 재려고 해요.

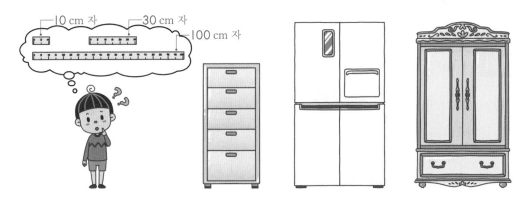

(1) 가을이가 가지고 있는 **3**개의 자의 다른 점을 써 보세요.

(2) 나라면 **3**개의 자 중에서 어떤 자를 이용했을까요? 왜 그렇게 생각했나요?

3 100 cm 자를 이용하여 버스의 길이를 재었어요.

(1) 100 cm 자를 이용하여 버스의 길이를 어떻게 재었을까요?

(2) 100 cm 자를 이용하여 버스의 길이를 재면 어떤 점이 불편할까요?

1 m, 길이 재는 방법

100 cm는 1 m와 같습니다.

1 m는 1미터라고 읽습니다.

$$100 \text{ cm} = 1 \text{ m}$$

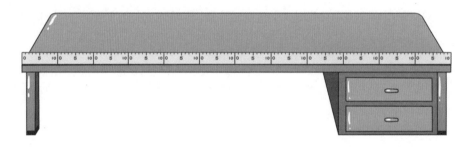

120 cm는 1 m보다 20 cm 더 깁니다.

120 cm는 1 m 20 cm라고도 합니다.

1 m 20 cm를 1미터 20센티미터라고 읽습니다.

$$120 \text{ cm} = 1 \text{ m } 20 \text{ cm}$$

1 책상의 긴 부분의 길이를 알아보세요.

(1) 책상의 긴 부분의 길이는 ☐ cm입니다.

(2) 책상은 1 m 보다 얼마나 더 길까요?

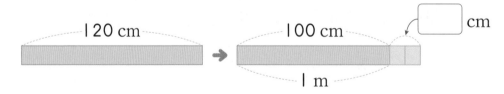

(3) 120 cm를 다르게 표현해 보세요.

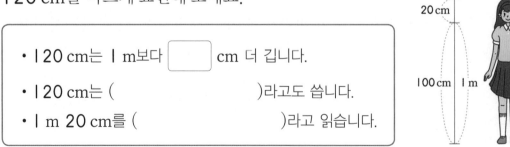

· 120 cm는 1 m보다 ☐ cm 더 깁니다.

· 120 cm는 ( )라고도 씁니다.

· 1 m 20 cm를 ( )라고 읽습니다.

2 옳게 나타낸 것을 모두 찾아 색칠해 보세요.

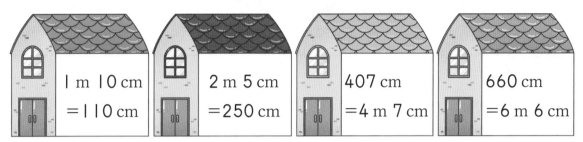

| 1 m 10 cm = 110 cm | 2 m 5 cm = 250 cm | 407 cm = 4 m 7 cm | 660 cm = 6 m 6 cm |

개념 정리 길이 재는 방법

① 책상의 한끝을 줄자의 눈금 0에 맞춥니다.

② 책상의 다른 쪽 끝에 있는 줄자의 눈금을 읽습니다.

눈금이 140이므로 책상의 길이는 140 cm입니다. ➡ 140 cm = 1 m 40 cm

3 길이를 재어 보세요.

(1)  ☐ cm = ☐ m ☐ cm

(2)  ☐ cm = ☐ m ☐ cm

(3) 213 214 215 216 ☐ cm = ☐ m ☐ cm

길이 어림하기

개념 정리	자의 눈금과 일치하지 않는 길이 재는 법

길이를 재는 과정에서 자의 눈금과 일치하지 않는 길이는 약 몇 cm 또는 약 몇 m 몇 cm로 나타냅니다.

1 길이를 재어 보세요.

(1)  `157  158  159  160`

약 ☐ cm=약 ☐ m ☐ cm

(2) 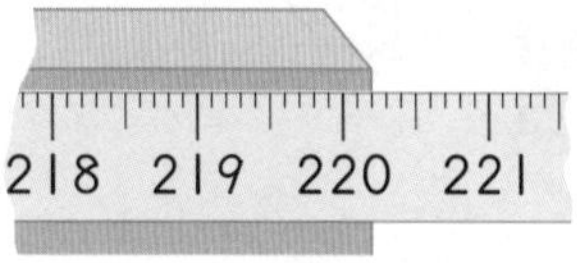 `218  219  220  221`

약 ☐ cm=약 ☐ m ☐ cm

2 우리 집 물건의 길이를 어림하고, 줄자로 길이를 재어 보세요. (준비물: 줄자)

※ 혼자 하기 다소 어려운 활동이므로, 부모님의 도움을 받아 함께 길이를 재어 보세요.

	어림한 길이	실제 길이
텔레비전		
소파		
현관문 높이		

 물건을 이어서 1 m보다 길게 만들어 어림하고 자로 재어 확인해 보세요.

(준비물: 줄자)

길게 이은 물건들	어림한 길이	실제 길이

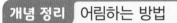

개념 정리 어림하는 방법

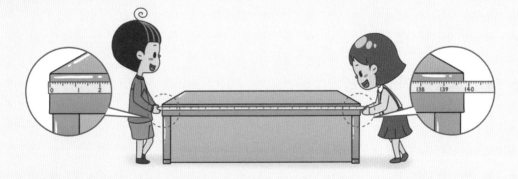

① 책상의 한끝을 줄자의 눈금 0에 맞춥니다.

② 책상의 다른 쪽 끝에 있는 줄자의 눈금을 읽습니다.

눈금이 139보다는 크고 140보다는 작고 140에 가까우므로 책상의 길이는

약 140 cm(약 1 m 40 cm)입니다.

공깃돌 멀리 퉁기기 기록이 가장 좋은 모둠은?

1 겨울이네 반에서 공깃돌 멀리 퉁기기 모둠 대항전이 열렸습니다. 모둠원의 기록을 모두 더해 합이 가장 큰 모둠이 이기는 경기예요.

(1) 다음은 모둠원의 기록입니다. 이 기록에서 알 수 있는 사실을 2가지 써 보세요.

	1모둠	2모둠	3모둠
1번 친구	90 cm	40 cm	1 m 40 cm
2번 친구	110 cm	60 cm	120 cm
3번 친구	50 cm	1 m	90 cm

알 수 있는 사실 _____

_____

(2) 어느 모둠이 이겼나요?

( )

(3) 어느 모둠이 이겼는지 알기 위해 어떻게 계산했는지 설명해 보세요.

2 봄이는 리본 2 m 90 cm로 선물 상자를 포장하려고 해요.

선물	필요한 리본의 길이
책	100 cm
필통	70 cm

(1) 봄이가 가진 리본으로 선물 상자 2개를 모두 포장할 수 있을까요?

(2) 왜 그렇게 생각하나요?

(3) 선물 상자 2개를 모두 포장하고 남는 리본의 길이는 얼마일까요?

(4) 남는 리본의 길이를 구하기 위해 어떻게 계산했는지 설명해 보세요.

길이의 합과 차

1 색 테이프를 각각 1 m 10 cm, 1 m 30 cm만큼 자른 다음 두 색 테이프를 이었습니다. 이어진 색 테이프의 전체 길이를 구해 보세요.

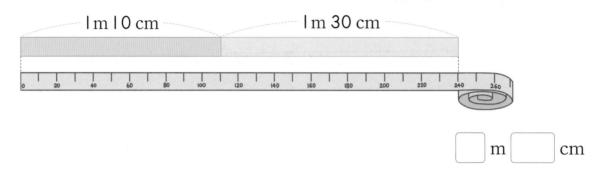

☐ m ☐ cm

2 줄자를 사용하지 않고, 1 m 10 cm + 1 m 30 cm를 계산하는 방법을 알아보세요.

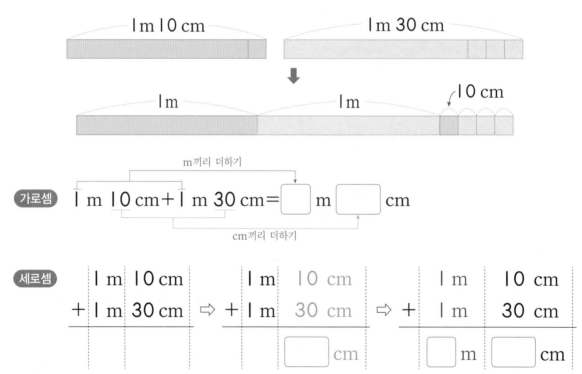

가로셈 1 m 10 cm + 1 m 30 cm = ☐ m ☐ cm

m끼리 더하기

cm끼리 더하기

세로셈

	1 m	10 cm
+	1 m	30 cm

⇨

	1 m	10 cm
+	1 m	30 cm
		☐ cm

⇨

	1 m	10 cm
+	1 m	30 cm
	☐ m	☐ cm

개념 정리 길이의 합

길이의 합은 m는 m끼리, cm는 cm끼리 더합니다.

---

3 색 테이프를 각각 2 m 30 cm, I m I0 cm만큼 잘랐습니다. 두 색 테이프의 길이의 차를 구해 보세요.

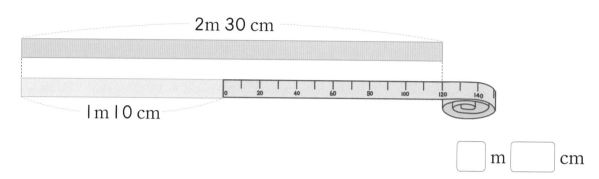

☐ m ☐ cm

4 줄자를 사용하지 않고 2 m 30 cm − I m I0 cm를 계산하는 방법을 알아보세요.

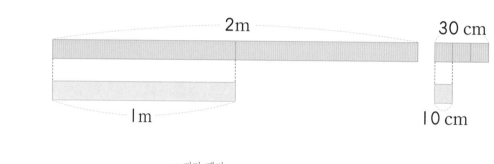

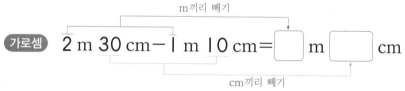

가로셈 2 m 30 cm − I m I0 cm = ☐ m ☐ cm

세로셈

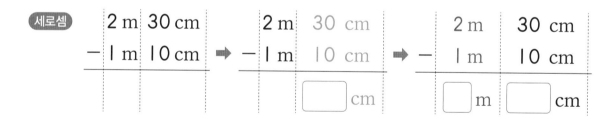

개념 정리   길이의 차

길이의 차 m는 m끼리, cm는 cm끼리 뺍니다.

★ 길이 재기

스스로 정리 | 길이 재기

1 2 m 30 cm와 4 m 45 cm의 합을 구해 보세요.

2 7 m 85 cm와 340 cm의 차를 구해 보세요.

개념 연결 | 덧셈과 뺄셈을 하고 길이를 재어 보세요.

주제	계산하고, 길이 재기	
두 자리 수의 덧셈과 뺄셈	(1) $\begin{array}{r} 2\ 3 \\ +\ 1\ 4 \\ \hline \end{array}$	(2) $\begin{array}{r} 4\ 5 \\ -\ 2\ 1 \\ \hline \end{array}$
길이 재기	줄넘기의 길이는 $\boxed{}$ cm입니다.	

---

1 170 cm와 2 m 40 cm의 합을 구하는 과정을 두 자리 수의 덧셈 방법과 연결하여 친구에게 편지로 설명해 보세요.

1 가을이와 봄이가 잰 피자의 길이는 얼마인지 다른 사람에게 설명해 보세요.

가을   봄

2 아버지의 줄넘기는 내 줄넘기보다 얼마나 더 긴지 다른 사람에게 설명해 보세요.

아버지의 줄넘기    2 m 74 cm

내 줄넘기   1 m 59 cm

길이 재기는
이렇게 연결돼요.

1 cm,
길이 재기

1 m, 길이 재기,
길이의 합과 차

1 mm, 1 km

평면도형의
둘레

1 □ 안에 알맞은 수를 써넣으세요.

(1) 1 m는 1 cm를 [ ] 번 이은 것과 같습니다.

(2) 1 m는 10 cm를 [ ] 번 이은 것과 같습니다.

(3) 1 m는 [ ] cm와 같습니다.

2 길이를 바르게 읽어 보세요.

6 m 5 cm

읽기 _____

3 □ 안에 알맞은 수를 써넣으세요.

(1) 917 cm = [ ] m [ ] cm

202 cm = [ ] m [ ] cm

460 cm = [ ] m [ ] cm

(2) 3 m 68 cm = [ ] cm

8 m 5 cm = [ ] cm

5 m 30 cm = [ ] cm

4 긴 길이부터 차례로 기호를 써 보세요.

㉠ 350 cm   ㉡ 3 m 5 cm
㉢ 3 m 45 cm   ㉣ 3 m 54 cm

(   )

5 동생의 키는 1 m입니다. 나무의 높이는 약 몇 m일까요?

(   )

6 자의 눈금을 읽어 보세요.

[ ] m [ ] cm

140 141 142 143 144 145 146 147

84

7 지팡이의 길이는 몇 cm인가요?

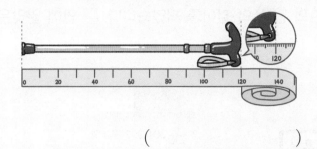

(   )

8 알맞은 길이를 골라 문장을 완성해 보세요.

130 cm	20 cm
2 m	5 m 10 cm

새 연필의 길이는 약 [　　　]입니다.

현관문의 높이는 약 [　　　]입니다.

트럭의 길이는 약 [　　　]입니다.

9 3장의 수 카드를 사용하여 가장 짧은 길이를 만들고, 만든 길이와 3 m 50 cm의 합을 구해 보세요.

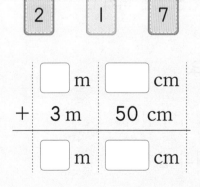

$$
\begin{array}{r}
\;[\quad]\ \text{m} \quad [\quad]\ \text{cm} \\
+\ \ 3\ \text{m} \quad\ 50\ \text{cm} \\
\hline
[\quad]\ \text{m} \quad [\quad]\ \text{cm}
\end{array}
$$

10 길이의 차를 계산해 보세요.

$$
\begin{array}{r}
8\ \text{m} \quad\ 50\ \text{cm} \\
-\qquad\ 410\ \text{cm} \\
\hline
\end{array}
$$

⬇

$$
\begin{array}{r}
8\ \text{m} \quad\ 50\ \text{cm} \\
-\ [\quad]\ \text{m} \quad [\quad]\ \text{cm} \\
\hline
[\quad]\ \text{cm}
\end{array}
$$

⬇

$$
\begin{array}{r}
8\ \text{m} \quad\ 50\ \text{cm} \\
-\ [\quad]\ \text{m} \quad [\quad]\ \text{cm} \\
\hline
[\quad]\ \text{m} \quad [\quad]\ \text{cm}
\end{array}
$$

11 길이가 475 cm인 리본으로 선물을 포장했더니 리본이 2 m 25 cm 남았습니다. 선물을 포장하는 데 사용한 리본의 길이는 몇 m 몇 cm일까요?

식 _____

답 _____

1 여름이와 봄이가 줄자를 사용하여 교실 게시판의 긴 쪽의 길이를 재었습니다. □ 안에 알맞은 수를 써넣으세요.

□ cm= □ m □ cm

2 교실 문의 높이는 길이가 1 m인 막대로 2번 잰 길이보다 약 15 cm 더 깁니다. 교실 문의 높이는 약 몇 cm일까요?

약 ( )

3 트롬본의 길이는 2 m 67 cm, 기타의 길이는 103 cm, 가야금의 길이는 1 m 51 cm입니다. 길이가 가장 긴 악기와 길이가 가장 짧은 악기는 각각 무엇인가요?

가장 긴 악기 ( )

가장 짧은 악기 ( )

4 길이를 나타낼 때 cm와 m 중 알맞은 단위를 써 보세요.

(1) 기차의 길이 □
(2) 비행기의 길이 □
(3) 리모컨의 길이 □
(4) 가위의 길이 □

5 겨울이의 두 걸음이 약 Ⅰm라면 학교에서 버스 정류장까지의 거리는 약 몇 m일까요?

학교에서 버스 정류장까지 내 걸음으로 약 22걸음이었어요.

약 (   )

6 봄이가 Ⅰm를 뼘으로 재었더니 약 6뼘이었습니다. 봄이가 방에 있는 옷장의 길이를 뼘으로 재었을 때 약 Ⅰ2뼘이었다면 옷장의 길이는 약 몇 m일까요?

약 (   )

7 여름이는 동생과 함께 수 카드 6장 중에서 3장씩 골라 가장 긴 길이와 가장 짧은 길이를 각각 만들었습니다. 두 길이의 합과 차를 각각 구해 보세요.

| 1 | 2 | 3 | 4 | 5 | 6 |

(합)
☐ m ☐☐ cm
+ ☐ m ☐☐ cm
—————————
☐ m ☐☐ cm

(차)
☐ m ☐☐ cm
− ☐ m ☐☐ cm
—————————
☐ m ☐☐ cm

8 리본으로 상자를 포장하였습니다. 매듭을 짓는 데 리본을 35 cm 사용했다면 상자를 포장하는 데 사용한 리본의 길이는 모두 몇 m 몇 cm일까요?

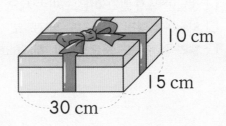

Ⅰ0 cm

Ⅰ5 cm

30 cm

(   )

4 지금은 몇 시 몇 분일까요?

시각과 시간

★ 시각을 몇 시 몇 분으로 읽을 수 있어요.

★ 1시간, 1일, 1주일, 1년이 얼마나 되는지 알 수 있어요.

☑ Check 스스로 다짐하기	☐ 말한 것, 생각한 것을 글로 꼭 써 보세요.
	☐ 정답만 쓰지 말고 이유도 써 보세요.
	☐ 익숙하게 빨리 하는 것도 필요해요.
	☐ 빨리 하는 것도 중요하지만, 자세하고 정확하게 하는 것이 더 중요해요.

꼬리에 꼬리를 무는 개념 ✦

시계 보기와 규칙 찾기
- 시각의 쓰임 알기
- '몇 시', '몇 시 30분' 알기

2-2-4

시간과 길이
- I분은 60초임을 알고 시간을 초 단위로 읽기
- 시간의 덧셈과 뺄셈하기

1-2-5

시각과 시간
- 시각을 분 단위로 읽고, 몇 시 몇 분 전으로도 읽기
- I시간은 60분임을 알고 시간을 '시간', '분'으로 표현하기
- I일은 24시간, I주일은 7일, I년은 I2개월임을 알기

3-1-5

스스로 계획 짜기 ✏

1일차	2일차	3일차	4일차	5일차
____월 ____일	____월 ____일	____월 ____일	____월 ____일	____월 ____일

6일차	7일차	8일차
____월 ____일	____월 ____일	____월 ____일

몇 시를 읽고   몇 시 30분을   생활에서
나타내기   읽고 나타내기   시각 말하기

기억 1 몇 시를 읽고 나타내기

2 : 00

짧은바늘이 2, 긴바늘이 12를 가리킬 때 시계
는 2시를 나타내고 두 시라고 읽습니다.

1 시각을 써 보세요.

☐ 시   ☐ 시   ☐ 시

2 가을이가 7시를 다음과 같이 나타내었습니다. 바르게 고쳐 그려 보세요.

가을이가 나타낸 시계   ➡   바르게 고치기

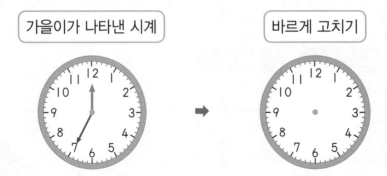

기억 2 몇 시 30분을 읽고 나타내기

7 : 30

짧은바늘이 7과 8사이에 있고 긴바늘이 6을 가리킬 때 시계는 7시 30분을 나타내고 일곱 시 삼십 분이라고 읽습니다.

3 같은 시각끼리 이어 보세요.

4 시계를 보고 봄이가 학교에 다녀와서 한 일의 순서대로 번호를 써 보세요.

(   )   (   )   (   )

지금이 몇 시 몇 분인가요?

1 겨울이가 시계를 보려고 합니다. 시계의 긴바늘이 숫자가 있는 눈금을 가리킬 때 시각을 읽는 방법을 알아보세요.

(1) 시계를 보고 관찰할 수 있는 것이나 알 수 있는 것을 **3**가지 써 보세요.

(2) 시계가 나타내는 시각은 몇 시 몇 분인지 쓰고 그렇게 생각한 이유를 써 보세요.

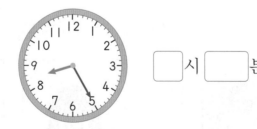

☐시 ☐분

이유

2 시계의 긴바늘이 숫자가 없는 작은 눈금을 가리킬 때 시계가 나타내는 시각은 몇 시 몇 분인지 써넣고 그렇게 생각한 이유를 써 보세요.

☐ 시 ☐ 분

┌─────────────────────────────────────┐
│ 이유 │
│ │
│ │
│ │
└─────────────────────────────────────┘

3 시각을 읽는 방법을 설명해 보세요.

┌─────────────────────────────────────┐
│ '시'를 읽는 방법 │
│ │
│ │
│ │
│ │
│ '분'을 읽는 방법 │
│ │
│ │
│ │
│ │
└─────────────────────────────────────┘

4 5시 37분을 시계에 나타내고 나타낸 방법을 설명해 보세요.

방법

몇 시 몇 분(5분 단위)

1 시계의 긴바늘이 숫자가 있는 눈금을 가리킬 때 시계가 몇 시 몇 분을 나타내는지 알아보세요.

(1) 시각을 읽어 보세요.

☐시   ☐시 ☐분

(2) 8시에서 8시 30분이 되는 동안 긴바늘은 숫자 12에서 6까지 숫자 눈금 몇 칸을 지나야 하나요?

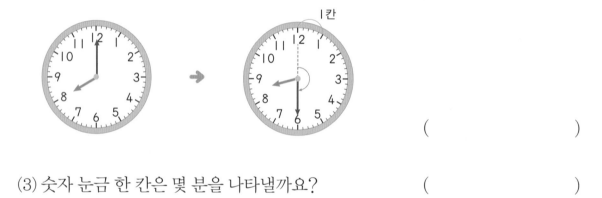

(   )

(3) 숫자 눈금 한 칸은 몇 분을 나타낼까요?   (   )

(4) 시계에서 각각의 숫자가 몇 분을 나타내는지 빈칸에 써넣으세요.

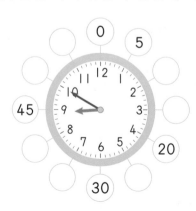

시계의 긴바늘이 가리키는 숫자가 Ⅰ이면 5분,
2이면 Ⅰ0분, 3이면 Ⅰ5분⋯⋯을 나타냅니다.
오른쪽 그림의 시계가 나타내는 시각은 Ⅰ0시 Ⅰ5분입니다.

2 시각을 읽으려고 합니다. ☐ 안에 알맞은 수를 써넣으세요.

시계의 짧은바늘은 숫자 ☐ 와/과 ☐ 사이를 가리키고,

긴바늘은 숫자 ☐ 을/를 가리킵니다.

시계가 나타내는 시각은 ☐ 시 ☐ 분입니다.

3 여름이가 각각의 행동을 한 시각이 몇 시 몇 분인지 써 보세요.

☐ 시 ☐ 분   ☐ 시 ☐ 분   ☐ 시 ☐ 분

몇 시 몇 분(1분 단위)

1 시계의 긴바늘이 숫자가 없는 작은 눈금을 가리킬 때 시계가 몇 시 몇 분을 나타내는지 알아보세요.

(1) 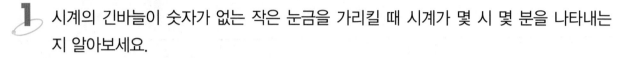 숫자 눈금 한 칸은 작은 눈금 몇 칸으로 나뉘어 있나요?

(   )

(2) 숫자 눈금 한 칸은 **5**분을 나타냅니다. 작은 눈금 한 칸은 몇 분을 나타낼까요?

(   )

(3) 시계는 몇 시 몇 분을 나타낼까요?

[ ]시 [ ]분

(4) 시각에 맞게 긴바늘을 그려 보세요.

3시 43분

개념 정리 **몇 시 몇 분**(2)

시계의 긴바늘이 가리키는 작은 눈금 한 칸은 Ⅰ분을 나타냅니다.
시계가 나타내는 시각은 9시 Ⅰ2분입니다.

2 시계를 보고 시각을 다르게 읽을 수 있는 방법을 생각해 보세요.

시계가 나타내는 시각은 ☐시 ☐분입니다. 5시가 되려면 ☐분이 더 지나야 하므로 5시 ☐분 전이라고도 할 수 있습니다.

개념 정리 몇 시 몇 분 전

11시 55분을 12시 5분 전이라고도 합니다.

---

3 같은 시각을 나타내는 것을 찾아 기호를 써 보세요.

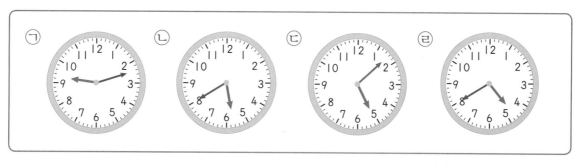

(   )

4:12

(   )

(   )

---

4 시계를 보고 시각을 2가지 방법으로 써 보세요.

☐시 ☐분

☐시 ☐분 전

숙제를 마칠 때까지 걸린 시간은 얼마인가요?

[1~4] 겨울이의 오후 일과를 보고 시간을 알아보세요.

1 시계를 보고 시각을 써 보세요.

집에 도착한 시각	숙제를 시작할 때의 시각	숙제를 끝낸 시각

2 겨울이가 집에 도착한 시각과 숙제를 시작할 때의 시각을 나타내는 시계를 보고 같은 점과 다른 점을 써 보세요.

같은 점	
다른 점	

3 겨울이가 집에 도착해서 숙제를 시작할 때까지 걸린 시간은 얼마인지 설명해 보세요.

> 방법1 걸린 시간: ☐ 시간
>
>
> 방법2 걸린 시간: ☐ 분

4 겨울이가 집에 도착해서 숙제를 끝낼 때까지 걸린 시간은 얼마인지 설명해 보세요.

> 방법1 걸린 시간: ☐ 시간 ☐ 분
>
>
> 방법2 걸린 시간: ☐ 분

5 | 시간은 몇 분일지 자신의 생각을 써 보세요.

시간 구하기

1 한 시각에서 다른 시각까지의 시간을 알아보세요.

(1) 긴바늘이 한 바퀴를 도는 동안 짧은바늘은 얼마만큼 움직이나요?

_____

(2) 시계의 한 바퀴에는 작은 눈금이 모두 몇 칸 있나요?

(   )

(3) 시계의 긴바늘이 한 바퀴 도는 데 얼마만큼의 시간이 걸릴까요?

(   )

개념 정리   시간 알아보기

- 시계의 긴바늘이 한 바퀴 도는 데 걸리는 시간은 60분입니다.
- 60분은 1시간입니다.

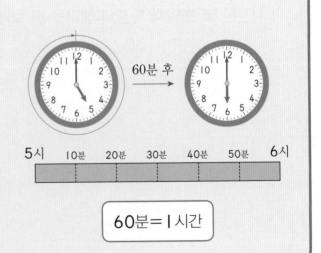

60분=1시간

2 가을 꽃 축제 시간표입니다. 물음에 답하세요.

꽃 마술쇼	10:00 ~ 10:40
꽃 공예 체험	10:40 ~ 12:00
꽃 음식 만들기 체험	12:00 ~ 1:30
꽃 이야기 퀴즈 대회	1:30 ~ 2:40
꽃과 함께하는 음악회	2:40 ~ ?

(1) 꽃 공예 체험을 하는 데 걸리는 시간만큼 색칠하고 얼마나 걸리는지 구해 보세요.

10시 10분 20분 30분 40분 50분 11시 10분 20분 30분 40분 50분 12시

☐ 분 = ☐ 시간 ☐ 분

(2) 꽃 이야기 퀴즈 대회에 걸리는 시간만큼 색칠하고 얼마나 걸리는지 구해 보세요.

1시 10분 20분 30분 40분 50분 2시 10분 20분 30분 40분 50분 3시

☐ 분 = ☐ 시간 ☐ 분

(3) 꽃 음식 만들기 체험을 하는 데 걸리는 시간을 구해 보세요.

☐ 분 = ☐ 시간 ☐ 분

(4) 음악회는 100분 동안 진행됩니다. 음악회가 끝나는 시각을 구해 보세요.

☐ 시 ☐ 분

일과표를 보고 무엇을 발견할 수 있나요?

[1~5] 가을이의 일기를 읽고 물음에 답하세요.

> ❘2시부터 ❘시간 동안 점심을 먹고, ❘시에 가족과 함께 도서관에 갔다. 도서관에서 3시간 동안 책을 읽고 집에서 읽을 책도 빌려 왔다. 4시에 도서관에서 나와 시장에 갔다. 6시까지 시장에서 과일도 사고, 우리가 좋아하는 떡볶이도 먹었다. 6시에 집에 와서 저녁을 먹고 7시부터 9시까지 동생과 보드게임을 하며 놀았다. 항상 내가 이겼는데 오늘은 동생이 이겼다. 동생이 많이 자란 것 같아 기특했다.

1 가을이의 일기를 보고 하루 일과표를 완성해 보세요.

2 가을이가 각 활동을 하는 데 걸린 시간은 얼마인지 써 보세요.

꿈나라	식사	숙제, 독서	운동	놀이	가족과 장보기

3. 가을이의 일과표를 보고 하루는 몇 시간이라고 생각하는지 설명해 보세요.

4. 가을이의 일과표를 보고 봄이와 여름이가 나눈 대화입니다. 두 친구의 대화가 잘 이루어지지 않은 이유는 무엇일지 자신의 생각을 써 보세요.

 가을이는 **9**시에 동생과 놀았구나.

아니야. **9**시에는 꿈나라로 갔는걸!

5. 문제 **4**에서 대화의 어려움을 해결할 수 있는 방법을 써 보세요.

6. 하루의 시간을 오전과 오후로 나누려고 합니다. 어떻게 나누면 좋을지 설명해 보세요.

하루의 시간

[1~4] 가을이의 일요일 생활 계획표를 보고 물음에 답하세요.

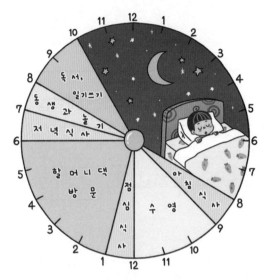

1 가을이가 각 활동을 하는 데 걸리는 시간을 구해 보세요.

아침 식사	수영	점심 식사	할머니 댁 방문
1시간			
저녁 식사	동생과 놀기	독서, 일기 쓰기	꿈나라

2 문제 1의 시간을 모두 더해서 하루는 몇 시간인지 구해 보세요.

( )

3 하루를 두 부분으로 나눈다면 어떻게 나눌 수 있을까요?

하루는 24시간입니다. 전날 밤 12시부터 낮 12시까지를
오전이라 하고 낮 12시부터 밤 12시까지를 오후라고 합니다.

1일=24시간

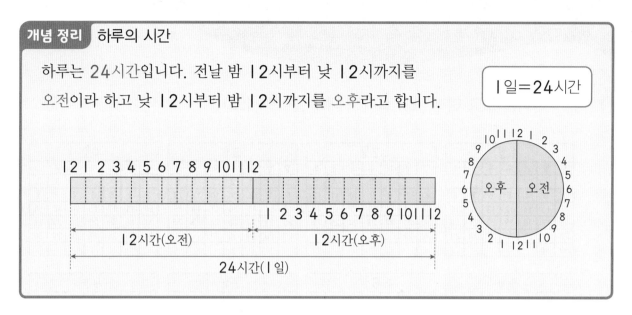

4 가을이의 일요일 생활 계획을 시간 띠에 나타내어 보세요.

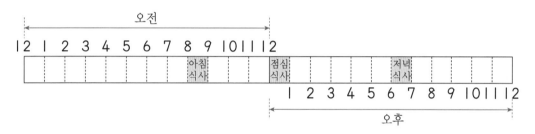

5 가을이의 일요일 일기를 보고 □ 안에 오전과 오후를 알맞게 써넣으세요.

오늘은 아침에 수영을 다녀왔다. [ ] 8시에 아침을 먹고 [ ] 9시에 수

영을 갔다. 여름이와 수영 시합도 하고 물속에서 잡기 놀이도 해서 재미있었다.

[ ] 1시에는 할머니 댁에 다녀왔다. 오랜만에 할머니를 뵈어서 참 좋았다.

저녁을 먹고 [ ] 7시에는 동생과 블록 쌓기 놀이를 했다. 오늘은 성을 만들었

는데 다음에는 놀이공원을 만들어 봐야겠다.

도서관에 가는 날은 며칠인가요?

[1~5] 달력을 보고 여러 가지 날짜에 대해 알아보세요.

1월
일	월	화	수	목	금	토
						1
2	3	4	5	6	7	8
9	10	11	12	13	14	15
16	17	18	19	20	21	22
23	24	25	26	27	28	29
30	31					

2월
일	월	화	수	목	금	토
		1	2	3	4	5
6	7	8	9	10	11	12
13	14	15	16	17	18	19
20	21	22	23	24	25	26
27	28					

3월
일	월	화	수	목	금	토
		1	2	3	4	5
6	7	8	9	10	11	12
13	14	15	16	17	18	19
20	21	22	23	24	25	26
27	28	29	30	31		

4월
일	월	화	수	목	금	토
					1	2
3	4	5	6	7	8	9
10	11	12	13	14	15	16
17	18	19	20	21	22	23
24	25	26	27	28	29	30

5월
일	월	화	수	목	금	토
1	2	3	4	5	6	7
8	9	10	11	12	13	14
15	16	17	18	19	20	21
22	23	24	25	26	27	28
29	30	31				

6월
일	월	화	수	목	금	토
			1	2	3	4
5	6	7	8	9	10	11
12	13	14	15	16	17	18
19	20	21	22	23	24	25
26	27	28	29	30		

7월
일	월	화	수	목	금	토
					1	2
3	4	5	6	7	8	9
10	11	12	13	14	15	16
17	18	19	20	21	22	23
24	25	26	27	28	29	30
31						

8월
일	월	화	수	목	금	토
	1	2	3	4	5	6
7	8	9	10	11	12	13
14	15	16	17	18	19	20
21	22	23	24	25	26	27
28	29	30	31			

9월
일	월	화	수	목	금	토
				1	2	3
4	5	6	7	8	9	10
11	12	13	14	15	16	17
18	19	20	21	22	23	24
25	26	27	28	29	30	

10월
일	월	화	수	목	금	토
						1
2	3	4	5	6	7	8
9	10	11	12	13	14	15
16	17	18	19	20	21	22
23	24	25	26	27	28	29
30	31					

11월
일	월	화	수	목	금	토

12월
일	월	화	수	목	금	토
				1	2	3
4	5	6	7	8	9	10
11	12	13	14	15	16	17
18	19	20	21	22	23	24
25	26	27	28	29	30	31

1 위의 달력에서 가려진 11월 달력을 채워 보세요.

11월
일	월	화	수	목	금	토

2 11월이 시작하는 날과 끝나는 날은 각각 무슨 요일인가요? 어떻게 구했는지 방법을 써 보세요.

3 왼쪽 달력을 보고 Ⅰ주일, 각각의 달, Ⅰ년의 날짜와 관련하여 찾을 수 있는 사실을 써 보세요.

Ⅰ주일	
각각의 달	
Ⅰ년	
그 밖에 찾은 사실	

4 여름이가 매주 화요일과 토요일에 도서관을 간다면 ⅠⅠ월에 도서관을 가는 날은 모두 며칠인지 설명해 보세요.

5 여름이의 생일은 Ⅰ0월 5일에서 2주일 후입니다. 여름이의 생일은 몇 월 며칠인지 설명해 보세요.

달력 탐구하기

1 1년 달력을 보고 물음에 답하세요.

1월
일	월	화	수	목	금	토
						1
2	3	4	5	6	7	8
9	10	11	12	13	14	15
16	17	18	19	20	21	22
23	24	25	26	27	28	29
30	31					

2월
일	월	화	수	목	금	토
		1	2	3	4	5
6	7	8	9	10	11	12
13	14	15	16	17	18	19
20	21	22	23	24	25	26
27	28					

3월
일	월	화	수	목	금	토
		1	2	3	4	5
6	7	8	9	10	11	12
13	14	15	16	17	18	19
20	21	22	23	24	25	26
27	28	29	30	31		

4월
일	월	화	수	목	금	토
					1	2
3	4	5	6	7	8	9
10	11	12	13	14	15	16
17	18	19	20	21	22	23
24	25	26	27	28	29	30

5월
일	월	화	수	목	금	토
1	2	3	4	5	6	7
8	9	10	11	12	13	14
15	16	17	18	19	20	21
22	23	24	25	26	27	28
29	30	31				

6월
일	월	화	수	목	금	토
			1	2	3	4
5	6	7	8	9	10	11
12	13	14	15	16	17	18
19	20	21	22	23	24	25
26	27	28	29	30		

7월
일	월	화	수	목	금	토
					1	2
3	4	5	6	7	8	9
10	11	12	13	14	15	16
17	18	19	20	21	22	23
24	25	26	27	28	29	30
31						

8월
일	월	화	수	목	금	토
	1	2	3	4	5	6
7	8	9	10	11	12	13
14	15	16	17	18	19	20
21	22	23	24	25	26	27
28	29	30	31			

9월
일	월	화	수	목	금	토
				1	2	3
4	5	6	7	8	9	10
11	12	13	14	15	16	17
18	19	20	21	22	23	24
25	26	27	28	29	30	

10월
일	월	화	수	목	금	토
						1
2	3	4	5	6	7	8
9	10	11	12	13	14	15
16	17	18	19	20	21	22
23	24	25	26	27	28	29
30	31					

11월
일	월	화	수	목	금	토
		1	2	3	4	5
6	7	8	9	10	11	12
13	14	15	16	17	18	19
20	21	22	23	24	25	26
27	28	29	30			

12월
일	월	화	수	목	금	토
				1	2	3
4	5	6	7	8	9	10
11	12	13	14	15	16	17
18	19	20	21	22	23	24
25	26	27	28	29	30	31

(1) 1년은 모두 □개월입니다.

(2) 각 달은 며칠인지 써 보세요.

월	1	2	3	4	5	6	7	8	9	10	11	12
날수(일)												

개념 정리 달력 알아보기(1)

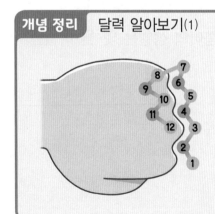

주먹을 쥐었을 때 둘째 손가락부터 시작하여 위로 솟은 곳은 큰 달(31일), 안으로 들어간 곳은 작은 달(30일)이 됩니다. 단, 2월은 28일 또는 29일까지입니다.

2 달력을 보고 물음에 답하세요.

11월						
일	월	화	수	목	금	토
		1	2	3	4	5
6	7	8	9	10	11	12
13	14	15	16	17	18	19
20	21	22	23	24	25	26
27	28	29	30			

(1) 이 달은 ☐ 월이고, 모두 ☐ 일입니다.

(2) 요일을 순서대로 모두 써 보세요.

_____

(3) 같은 요일은 ☐ 일마다 반복되고 ☐ 일간을 1주일이라고 합니다.

개념 정리 달력 알아보기(2)

1주일은 7일이고, 1년은 12개월입니다. | 1주일=7일 | | 1년=12개월 |

---

(4) 도서관이 쉬는 날은 둘째 주, 넷째 주 수요일입니다. 11월에 도서관이 쉬는 날은 며칠인지 날짜를 써 보세요.

(   )

(5) 오늘은 11월 6입니다. 1주일 후가 할머니 생신이라면 할머니 생신은 몇 월 며칠인가요?

(   )

(6) 겨울이는 매주 화요일, 토요일에 도서관을 갑니다. 11월에 겨울이가 도서관을 가는 날에 모두 ○표 해 보세요. ○표 한 날은 모두 며칠인가요?

(   )

시각과 시간

스스로 정리

- 시각 읽기

☐시 ☐분

☐시 ☐분 전

- 60분=☐시간
- 2주일=☐일
- 1일 5시간=☐시간
- 1년 2개월=☐개월

개념 연결 시곗바늘이 움직이는 데 걸리는 시간을 구하고 5의 단 곱셈구구를 정리해 보세요.

주제	빈칸을 채우고, 곱셈구구 확인하기
시곗바늘의 움직임	• 시계의 긴바늘이 한 바퀴 도는 데 걸리는 시간은 ☐시간입니다. • 시계의 짧은바늘이 한 바퀴 도는 데 걸리는 시간은 ☐시간입니다.
5의 단 곱셈구구	5의 단 곱셈구구를 써 보세요.

---

1 시곗바늘의 움직임과 5의 단 곱셈구구를 이용하여 4시 25분을 그리고 친구에게 전화로 설명해 보세요.

1 설명을 읽고 시각을 구하여 다른 사람에게 설명해 보세요.

> • 긴바늘과 짧은바늘 모두 | 2와 | 사이에 있습니다.
>
> • 긴바늘은 | 2와 | 사이의 작은 눈금 중 숫자 | 에서 | 칸 덜 간 곳을 가리킵니다.

2 다음은 오전에 발표회를 시작한 시각입니다. 발표회가 2시간 20분 동안 진행된다면 발표회가 끝나는 시각은 몇 시 몇 분인지 다른 사람에게 설명해 보세요.

시각과 시간은
이렇게 연결돼요

 시계 보기

 시각과 시간

 길이와 시간

 시간의 덧셈과 뺄셈

1 시각을 써 보세요.

(1)

(2)

 시 분

 시 분

2 같은 시각을 나타내는 것끼리 이어 보세요.

3 시각에 맞게 긴바늘을 그려 보세요.

6시 23분

2시 10분 전

4 시각을 2가지 방법으로 써 보세요.

시 분

시 분 전

5 □ 안에 알맞은 수를 써넣으세요.

(1) 1시간 = □ 분

(2) 90분 = □ 시간 □ 분

(3) 120분 = □ 시간

(4) 2시간 10분 = □ 분

6 봄이가 숙제를 하는 데 걸린 시간을 구해 보세요.

시작한 시각   끝난 시각

☐시간 ☐분=☐분

7 ☐ 안에 알맞은 수나 말을 써넣으세요.

(1) 1주일은 ☐일입니다.

(2) 하루는 ☐시간입니다.

(3) 낮 12시부터 밤 12시까지를 ☐(이)라고 합니다.

8 여름이가 설명하는 시각은 몇 시 몇 분인 가요?

짧은바늘은 5와 6 사이를 가리키고, 긴바늘은 7을 가리키고 있어.

(   )

[9~10] 가을이의 하루 일과표 중 일부입니다. 물음에 답하세요.

시간	한 일
8 : 00 ~ 8 : 30	아침 식사
8 : 30 ~ 9 : 00	등교
9 : 00 ~ 1 : 40	학교 생활
1 : 40 ~ 2 : 30	휴식
2 : 30 ~ 4 : 00	방과후학교
...	...
6 : 00 ~ 7 : 00	저녁 식사
7 : 00 ~ 8 : 30	책 읽기

9 일과표를 보고 알맞은 말에 ○표 해 보세요.

(1) 가을이가 아침 식사를 시작하는 시각은 (오전 , 오후) 8시입니다.

(2) 가을이는 (오전 , 오후) 8시에는 책을 읽고 있습니다.

10 가을이가 방과후학교 수업을 하는 데 걸린 시간을 구해 보세요.

(   )

1 친구들이 이야기하는 시각을 시계에 나타내고 **2**가지 방법으로 읽어 보세요.

짧은바늘은 5와 6 사이에 있어.

긴바늘은 9에 있어.

시계를 거울로 본 모습이야.

☐시 ☐분, ☐시 ☐분 전

2 겨울이의 일기를 보고 물음에 답하세요.

새벽에 배가 아파서 깼다. 시계를 보니 **5**시 **10**분 전이었다. 주무시는 엄마를 깨워 약을 먹고 겨우 잠이 들었다. **10**시에 병원에 다녀왔다. **2**시부터 **3**시 **40**분까지 축구 교실 수업을 해야 하는데 오늘은 못 했다. 다음 주에는 아프지 않고 축구 교실에 갈 수 있었으면 좋겠다.

(1) 오전 시각에는 빨간색을, 오후 시각에는 파란색을 색칠해 보세요.

(2) 겨울이가 깬 시각은 몇 시 몇 분인지 써 보세요.

5시 10분 전=(   )

(3) 축구 교실을 하는 데 걸리는 시간을 구해 보세요.

축구 교실	걸리는 시간
2:00 ~ 3:40	☐시간 ☐분 = ☐분

3 친구들의 설명이 <u>잘못된</u> 이유를 써 보세요.

(1)

짧은바늘이 10에 가까이 있고 긴바늘이 숫자 11을 가리키니까 10시 11분이야.

（빈 칸）

(2)

짧은바늘을 숫자 9에 긴바늘을 숫자 7에 그려서 9시 35분을 나타냈어.

（빈 칸）

4 겨울이와 봄이의 대화를 보고 물음에 답하세요.

내 생일은 10월의 마지막 날이야.

내 생일이 겨울이보다 2주일 늦네!

겨울

봄

(1) 겨울이와 봄이의 생일은 각각 몇 월 며칠인가요?

겨울 (   ), 봄 (   )

(2) 올해 봄이의 생일이 금요일이라면 겨울이의 생일은 무슨 요일인가요?

(   )

5 좋아하는 간식을 어떻게 정리하면 좋을까요?

표와 그래프

★ 자료를 분류하여 표 또는 그래프로 나타낼 수 있어요.
★ 표와 그래프로 나타내면 좋은 점을 알 수 있어요.

☑ Check

**스스로
다짐하기**

☐ 말한 것, 생각한 것을 글로 꼭 써 보세요.
☐ 정답만 쓰지 말고 이유도 써 보세요.
☐ 익숙하게 빨리 하는 것도 필요해요.
☐ 빨리 하는 것도 중요하지만, 자세하고 정확하게 하는 것이 더 중요해요.

꼬리에 꼬리를 무는 개념 ✦

분류하기
- 기준에 따라 분류하기
- 분류하고 수 세기
- 기준에 따라 분류하고 결과 말하기

1-2-3

표와 그래프
- 표 읽기
- 표 만들기
- 그림그래프 읽기
- 그림그래프 만들기

2-2-5

여러 가지 모양
- ☐, △, ◯ 모양 찾기
- ☐, △, ◯ 모양 분류하기
- ☐, △, ◯ 모양으로 여러 가지 모양 꾸미기

2-1-5

표와 그래프
- 분류한 자료를 표와 그래프로 나타내기
- 표와 그래프의 편리한 점 알기

3-2-6

스스로 계획 짜기 ✏️

1일차	2일차	3일차	4일차	5일차
____월 ____일	____월 ____일	____월 ____일	____월 ____일	____월 ____일

6일차	7일차
____월 ____일	____월 ____일

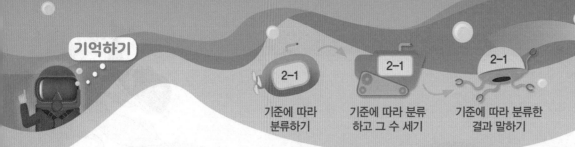

기억하기

기억 1 분류 기준 찾기

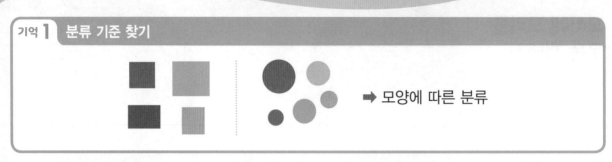

➡ 모양에 따른 분류

1 색종이를 다음과 같이 분류하였습니다. 분류 기준을 써 보세요.

분류 기준 (   )

기억 2 기준에 따라 분류하기

모양에 따른 분류   색깔에 따른 분류   크기에 따른 분류

2 단추를 기준에 따라 분류하여 기호를 써 보세요.

구멍 2개	구멍 4개

주황	파랑	연두

☆	☾
5	7

3 달력의 날씨를 분류하여 각각의 날수를 세어 보세요.

일	월	화	수	목	금	토
	1 ☀	2 ☀	3 ☀	4 ☁	5 ☁	6 ☂
7 ☂	8 ☂	9 ☁	10 ☁	11 ☀	12 ☀	13 ☂
14 ☁	15 ☀	16 ☀	17 ☀	18 ☁	19 ☂	20 ☀
21 ☁	22 ☀	23 ☁	24 ☁	25 ☂	26 ☁	27 ☀
28 ☀	29 ☁	30 ☀				

날씨	☀	☁	☂
날수(일)			

- 야구공과 축구공으로 나눌 수 있습니다.
- 야구공은 3개이고 축구공은 2개입니다.

4 필통 속에 있는 학용품을 분류해 보세요.

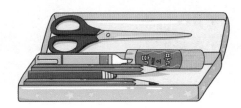

119

운동장의 친구들은 몇 명인가요?

[1~3] 운동장에서 우리 반 친구들이 축구와 피구 경기를 하고 있습니다. 운동장에 있는 친구들의 모습을 보고 어떤 이야기를 할 수 있는지 생각해 보세요.

1 그림에서 알 수 있는 사실을 자유롭게 써 보세요.

2 문제 **1**에서 쓴 답 중 사람 수와 관련된 것에 ○표 해 보세요. ○표 한 답은 모두 몇 개인가요?

3 사람 수와 관련된 사실을 더 찾아 써 보세요.

분류하여 세어 보기

[1~4] 그림을 보고 학생의 수를 입은 옷의 색깔별로 세어 보세요.

1 □ 안에 알맞은 수를 써넣으세요.

(1) 주황색 옷을 입은 학생은 □명입니다.

(2) 노란색 옷을 입은 학생은 □명입니다.

2 그림에 나온 옷의 색을 칠하고 학생 수를 빈칸에 써 보세요.

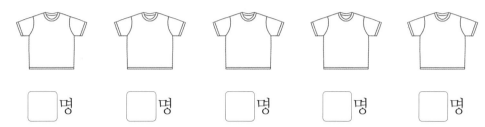

◻️명   ◻️명   ◻️명   ◻️명   ◻️명

3 그림 속 학생들은 모두 몇 명인가요?

4 학생이 모두 몇 명인지 알 수 있는 방법을 2가지 써 보세요.

┌─────────────────────────────────────┐
│ (방법1)   │
│   │
│   │
│   │
│ (방법2)   │
│   │
│   │
└─────────────────────────────────────┘

개념 정리 **자료를 분류하기**

• 자료는 기준에 따라 분류할 수 있습니다.

• 기준은 문제에서 정해 줄 수도 있고, 내가 직접 정할 수도 있습니다.

• 분류한 것은 몇인지 세어 수로 나타낼 수 있습니다.

오늘 팔고 남은 과일의 수를 어떻게 적을까요?

[1~2] 봄이 어머니는 오늘 하루 동안 과일 가게에서 과일을 팔고 남은 과일의 수를 알아
보려고 하십니다. 봄이는 어머니를 도와드리려고 합니다. 물음에 답하세요.

1 그림에서 과일의 수와 관련하여 알 수 있는 것을 써 보세요.

2 봄이는 오늘 팔고 남은 과일의 수를 종이에 적으려고 해요.

(1) 어떻게 적으면 좋을지 써 보세요.

(2) 과일의 수를 적은 종이에서 알 수 있는 내용은 무엇인지 써 보세요.

(3) (1)에서 사용한 방법 이외에 또 어떤 방법으로 나타낼 수 있을까요?

표로 나타내기

1 봄이네 반 학생들이 겨울 방학에 가고 싶어 하는 장소를 조사했습니다. 물음에 답하세요.

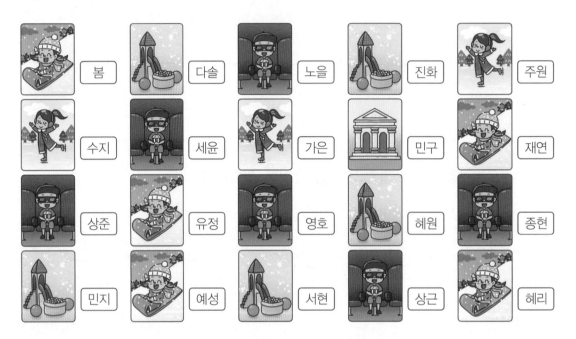

(1) 조사한 자료를 보고 표로 나타내어 보세요.

└─ 표의 제목

봄이네 반 학생들이 겨울 방학에 가고 싶어 하는 장소

장소	눈썰매장	영화관	실내 놀이터	스케이트장	박물관	합계
학생 수(명)						

(2) 가장 많은 학생이 가고 싶어 하는 장소는 어디인가요?

(3) 자료를 표로 나타내면 무엇이 편리한가요?

2 그림 카드를 보고 물음에 답하세요.

(1) 카드를 인형의 눈의 수로 분류하고 표로 나타내어 보세요.

인형의 눈의 수별 카드 수

눈의 수	1개	2개	합계
카드 수(장)			

(2) 카드를 인형의 눈의 수와 색깔로 분류하고 표로 나타내어 보세요.

인형의 눈의 수와 색깔별 카드 수

눈의 수와 색깔	눈이 하나인 빨간색 인형	눈이 둘인 빨간색 인형	눈이 하나인 파란색 인형	눈이 둘인 파란색 인형	합계
카드 수(장)					

(3) 기준을 정하여 분류하고 그 수를 세어 보세요.

			합계
카드 수(장)			

개념 정리 표로 나타내기

좋아하는 계절별 학생 수

계절	봄	여름	가을	겨울	합계
학생 수(명)	5	6	4	3	18

• 분류 기준은 표의 제목이 됩니다.
• 분류하여 센 것을 나타냅니다.
• 센 것을 모두 더해 합계로 나타냅니다.

좋아하는 간식을 어떻게 정리하면 좋을까요?

1 여름이네 반 학생들이 좋아하는 간식을 조사했습니다. 여름이는 조사한 자료를 정리하여 간단하게 만들려고 합니다. 물음에 답하세요.

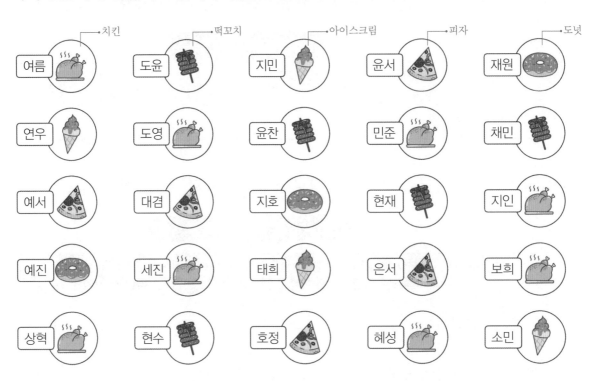

(1) 학생들이 좋아하는 간식의 수를 간단하게 정리하려고 합니다. 어떻게 나타내면 좋을지 2가지 방법을 생각해 보세요.

방법1

방법2

(2) 빈칸을 채우고 학생 수를 ◯로 표시하여 조사한 자료를 그래프로 나타내어
보세요.

☐					
☐					
☐					
5					
4					
3					
2					
1					
학생 수(명) / 간식					

(3) (1)에서 나타낸 방법과 (2)에서 그래프로 나타낸 방법의 같은 점과 다른 점을
써 보세요.

같은 점	
다른 점	

(4) 자료를 정리하는 여러 가지 방법 중 좋아하는 방법을 선택하고 좋아하는 이
유를 써 보세요.

그래프로 나타내기

1 겨울이네 반 학생들이 좋아하는 운동 경기를 조사했습니다. 물음에 답하세요.

(1) 빈칸을 채우고 학생 수를 ○로 표시하여 자료를 그래프로 나타내어 보세요.

5				
4				
3				
2				
1				
학생 수(명) / 운동 경기				

(2) 그래프는 무엇을 나타낸 것인가요?

(3) 분류 기준은 무엇인가요?

(4) 무엇의 수를 세었나요?

(5) 그래프를 보고 말할 수 있는 것은 무엇인가요?

(6) 그래프를 표로 나타내어 보세요.

운동 경기						합계
학생 수(명)						

개념 정리 그래프로 나타내기

좋아하는 계절별 학생 수 ◀── • 분류 기준은 그래프의 제목이 됩니다.

학생 수(명)\계절	봄	여름	가을	겨울
4		○		
3 ◀──	○	○		
2	○	○	○	
1	○	○	○	○ ◀──

• 수를 씁니다.

• 분류하여 센 것을 나타냅니다.

• 분류한 종류를 씁니다.

1 가을이는 어머니와 함께 시장에 가서 생선 가게와 과일 가게에서 팔고 있는 물건을 살펴보았습니다. 물음에 답하세요.

(1) 그림을 보고 무엇을 조사할 수 있는지 써 보세요.

(2) 조사할 내용을 정하고, 표나 그래프의 제목을 정해 보세요.

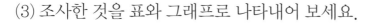

(3) 조사한 것을 표와 그래프로 나타내어 보세요.

					합계
수					

5				
4				
3				
2				
1	○			

(4) 표와 그래프의 편리한 점을 써 보세요.

표	그래프

개념 정리 자료를 표나 그래프로 나타내는 방법

① 자료를 기준에 따라 분류하고, 분류한 종류에 따라 수를 셉니다.

② 표로 나타낼 때, 분류한 종류를 쓰고 종류에 따른 수를 씁니다.

③ 그래프로 나타낼 때, 분류한 종류를 쓰고 종류의 수를 그림이나 기호로 나타냅니다.

④ 표를 그래프로 나타낼 수도 있고, 그래프를 표로 나타낼 수도 있습니다.

표와 그래프

스스로 정리 가을이네 반 학생들이 좋아하는 색깔입니다. 물음에 답하세요.

기준을 정하여 분류하고 그 수를 세어 표를 완성해 보세요.

		합계

가을　민지　지수

재현　수진　우희

진실　진영　형원

개념 연결 모양을 분류하여 표로 나타내어 보세요.

주제	분류하고 각각의 수 세기
모양 분류하기	△ ○ △ ■ ○ △ ■ ○ △ ■

(1)

모양	세모 모양	네모 모양	동그라미 모양	합계
개수(개)				

(2)

색깔	빨간색	파란색	노란색	합계
개수(개)				

1 다음 표를 그래프로 나타내고 그 방법을 친구에게 편지로 설명해 보세요.

좋아하는 간식	학생 수(명)
과자	3
떡볶이	4
치킨	2
피자	4
계	13

선생님 놀이

1 봄이네 반 학생들이 좋아하는 꽃을 조사하여 나타낸 표입니다. 가장 많은 학생이 좋아하는 꽃은 무엇인지 다른 사람에게 설명해 보세요.

꽃	장미	튤립	민들레	진달래	해바라기	합계
학생 수(명)	8	3	4			22

2 표와 그래프로 나타내면 편리한 점을 한 가지씩 쓰고 다른 사람에게 설명해 보세요.

표와 그래프는
이렇게 연결돼요.

 분류하고
세어 보기

 표와 그래프로
나타내기

3-2 표와 그림그래프로
나타내기

 막대그래프로
나타내기

1 다음 그림을 보고 조사할 수 있는 것을 써 보세요.

_____

_____

_____

2 그림을 보고 표를 완성해 보세요.

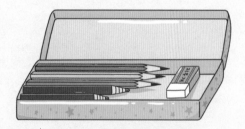

필통 속에 있는 물건

필통 속 물건	연필	색연필	지우개
개수			

[3~5] 가을이가 하루 동안 한 일입니다. 물음에 답하세요.

3 하루 동안 한 일에 걸린 시간을 표로 나타 내어 보세요.

하루 동안 한 일에 걸린 시간

한 일	잠자기	그림 그리기	미술관 관람	독서	식사
시간 (시간)					

4 가을이가 하루 동안 가장 오래 한 일은 무 엇인가요?

( )

5 가을이가 하루 동안 한 일에 걸린 시간은 모두 몇 시간인가요?

( )

[6~7] 여름이가 방학 동안 읽은 책을 조사하였습니다. 물음에 답하세요.

읽은 책의 종류별 권수

책의 종류	동화책	위인전	만화책	잡지책
책 수(권)	10	8	3	5

6 표를 그래프로 나타내어 보세요.

읽은 책의 종류별 권수

책 수(권) 책의 종류				

7 겨울이가 방학 동안 읽은 책은 모두 몇 권인가요?

(   )

8 표와 그래프가 같은 내용이 되도록 빈칸을 채워 보세요.

모둠별 학생 수

모둠 이름	친절	용기	배려	꿈
학생 수(명)			5	4

모둠별 학생 수

5		
4	/	
3	/	/
2	/	/
1	/	/
학생 수(명) 모둠 이름	친절	용기

9 그래프를 표로 나타내어 보세요.

좋아하는 계절별 학생 수

6		○		
5		○		
4	○	○		
3	○	○	○	
2	○	○	○	
1	○	○	○	○
학생 수(명) 계절	봄	여름	가을	겨울

좋아하는 계절별 학생 수

계절				합계

1 보기와 같이 조사할 대상에 따라 조사할 수 있는 내용을 써 보세요.

| 우리 반 친구 | • 우리 반 친구들이 좋아하는 간식
• 우리 반 친구들이 일주일 동안 읽은 책의 권수 |

나	
가족	
우리 반 친구	

2 분류 기준으로 알맞은 것을 고르고 그 이유를 설명해 보세요.

> ㉠ 나보다 키가 큰 사람과 나보다 키가 크지 않은 사람
>
> ㉡ 예쁜 사람과 예쁘지 않은 사람
>
> ㉢ 우리 반 학생 수

(   )

이유 _____

3 봄이는 오늘 하루 동안 장소에 따라 공부한 시간을 조사하여 표로 나타내었으나 장소를 빠뜨렸습니다. 각자 봄이가 되었다고 생각하여 표의 빈칸을 채우고 그 이유를 써 보세요.

봄이가 오늘 하루 동안 장소에 따라 공부한 시간

장소			
시간(시간)	l	2	5

← 봄이가 5시간 동안 공부한 장소는 어디일까요?

이유 _____

4 준희네 반 학생들이 좋아하는 책을 조사하였습니다. 물음에 답하세요.

이름	종류	이름	종류	이름	종류	이름	종류
인호	동화책	주원	과학책	지호	과학책	준희	역사책
도준	역사책	영우	동화책	유근	역사책	재민	과학책
성민	동화책	민수	위인전	준서	과학책	정환	동시집
민지	역사책	호정	과학책	지민	역사책	선희	동화책
지아	위인전	은서	동화책	정희	동화책	채연	과학책
태희	동화책	예은	위인전	성은	위인전	소원	동시집

(1) 준희네 반 학생들이 좋아하는 책의 종류로 표의 칸 수를 정하고 표로 나타내어 보세요.

준희네 반 학생들이 좋아하는 책별 학생 수

책의 종류			
학생 수(명)			

(2) (1)을 그래프로 나타내어 보세요.
(필요한 칸만큼만 이용하세요.)

5				
4				
3				
2				
1				
학생 수(명)\책의 종류				

(3) 표나 그래프를 보고 학생들에 대해서 알 수 있는 점을 써 보세요.

6 미술관의 담에서 어떤 규칙을 찾을 수 있나요?

규칙 찾기

★ 덧셈표, 곱셈표, 무늬, 쌓은 모양, 우리 생활 주변에서 규칙을 찾을 수 있어요.

★ 규칙을 내가 직접 만들 수 있어요.

✓ Check

스스로 다짐하기

☐ 말한 것, 생각한 것을 글로 꼭 써 보세요.

☐ 정답만 쓰지 말고 이유도 꼭 써 보세요.

☐ 익숙하게 빨리 하는 것도 필요해요.

☐ 빨리 하는 것도 중요하지만, 자세하고 정확하게 하는 것이 더 중요해요.

꼬리에 꼬리를 무는 개념 ✦

시계 보기와 규칙 찾기
- 시계에서 규칙 찾기
- 규칙을 찾아 여러 가지 방법으로 나타내기
- 규칙 만들어 무늬 꾸미기

규칙 찾기
- 수 배열표, 일상생활에서 규칙 찾기
- 계산 도구, 도형, 계산식에서 규칙 찾기
- 수, 모양, 계산식의 규칙과 관련된 문제 풀기

누리과정

2-2-6

1-2-5

4-1-6

- 생활 주변에서 반복되는 규칙성을 찾고 다음에 올 것을 예측하기
- 스스로 규칙성을 만들어 보기

규칙 찾기
- 덧셈표와 곱셈표에서 규칙 찾기
- 여러 가지 무늬나 쌓은 모양에서 규칙 찾고 규칙 만들기
- 생활에서 규칙 찾기

스스로 계획 짜기 ✏️

1일차	2일차	3일차	4일차	5일차
____월 ____일	____월 ____일	____월 ____일	____월 ____일	____월 ____일

6일차	7일차
____월 ____일	____월 ____일

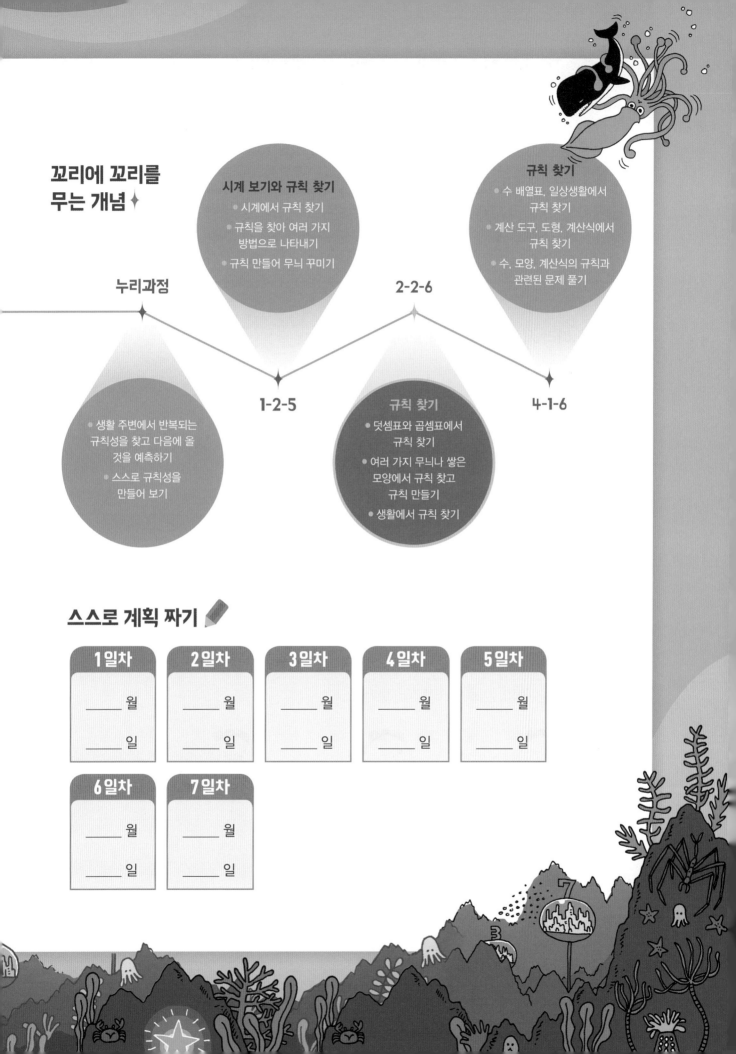

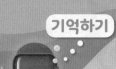

반복 규칙에서   규칙을 나타내거나   수 배열표에서
규칙 찾기   만들기   규칙 찾기

기억 1   반복 규칙에서 규칙 찾기

1 규칙에 따라 시곗바늘을 그려 보세요.

기억 2   규칙을 찾아 여러 방법으로 나타내기

→ 3 2 2 3 2 2

2 다음 규칙을 ○와 △로 나타내어 보세요.

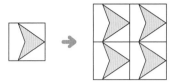 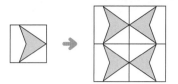

3 규칙을 만들어 무늬를 꾸며 보세요.

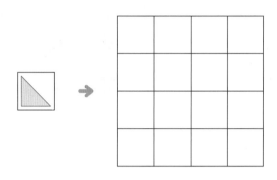

l, 3, 5, 7 ……

    2씩 커집니다.

2	4	6	8	10	12
4	6	8	10	12	14
6	8	10	12	14	16

2씩 커집니다.

4 규칙에 따라 빈칸에 알맞은 수를 써넣으세요.

(1)
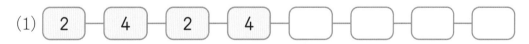
| 2 | 4 | 2 | 4 | | | | |

(2)

| 80 | 90 | | | 120 | 130 | | |

(3)

| 923 | | 723 | | 523 | | | 223 |

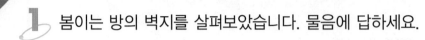

생각열기 ❶
반복되는 것은 무엇인가요?

1 봄이는 방의 벽지를 살펴보았습니다. 물음에 답하세요.

(1) 벽지 속 무늬에서 여러 가지 규칙을 찾아 써 보세요.

(2)(1)에서 찾은 규칙 중에서 모양에 관한 것은 무엇인가요?

(3)(1)에서 찾은 규칙 중 색깔에 관한 것은 무엇인가요?

2 여름이는 색 구슬을 끼워 팔찌를 만들었습니다. 아버지와 어머니가 팔찌를 보시더니, 서로 다른 수 배열을 말씀하셨습니다. 물음에 답하세요.

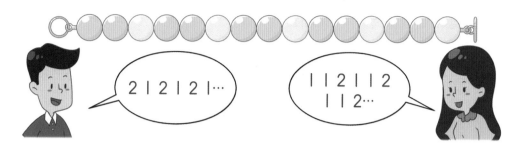

(1) 여름이의 아버지와 어머니는 수 배열을 어떤 규칙으로 만드셨는지 써 보세요.

아버지	
어머니	

(2) 두 가지 색으로 나만의 규칙을 만들어 색칠해 보세요.

(3) (2)의 규칙을 수 배열로 나타내어 보세요.

(4) 세 가지 색으로 나만의 규칙을 만들어 색칠해 보세요.

(5) (4)의 규칙을 수 배열로 나타내어 보세요.

무늬에서 규칙 찾기

1 규칙을 찾아 무늬를 완성해 보세요.

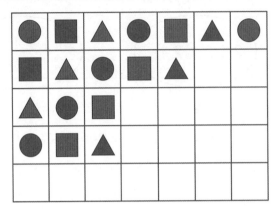

2 규칙을 찾아 색칠해 보세요.

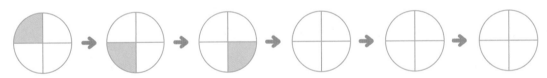

3 규칙을 찾아 모양을 2개 더 그려 보세요.

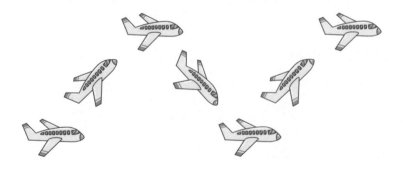

4 ◯는 I, ☐는 2, △는 3으로 바꾸어 나타내어 보세요.

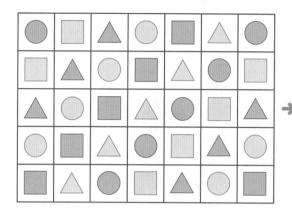 →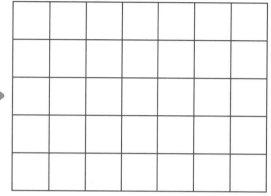

5 주황색은 I, 하늘색은 2로 바꾸어 나타내어 보세요.

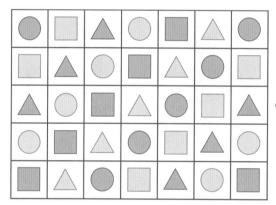 →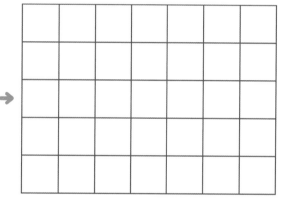

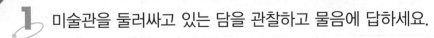

생각열기 ②
미술관의 담에서 어떤 규칙을 찾을 수 있나요?

1 미술관을 둘러싸고 있는 담을 관찰하고 물음에 답하세요.

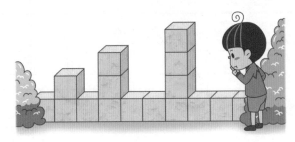

(1) 가을이는 담의 규칙을 알아보기 위해 담을 쌓는 과정을 4단계로 나누었습니다. 각각의 단계를 그림으로 나타내어 보세요.

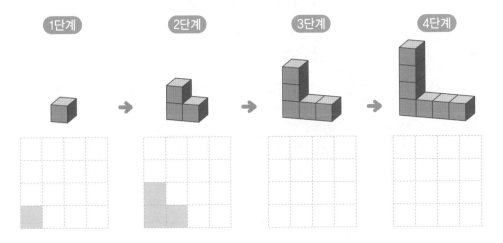

(2) 4단계의 다음 단계를 그림으로 나타내고 규칙을 써 보세요.

규칙

148

2 다음은 어떤 규칙에 따라 쌓기나무를 쌓은 것입니다. 다음에 이어질 모양을 나타내고 규칙을 써 보세요.

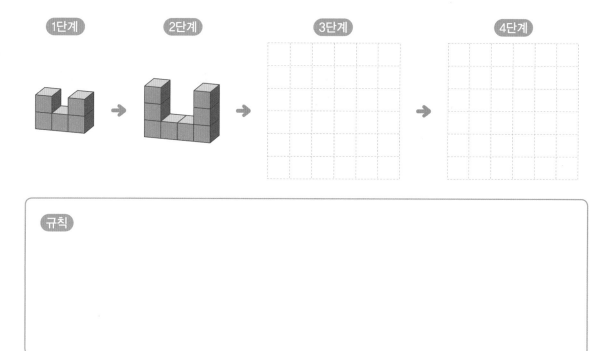

규칙

3 쌓기나무로 다음과 같은 모양을 쌓았습니다. 스스로 규칙을 만들어 다음에 이어질 모양을 그려 색칠하고 규칙을 써 보세요.

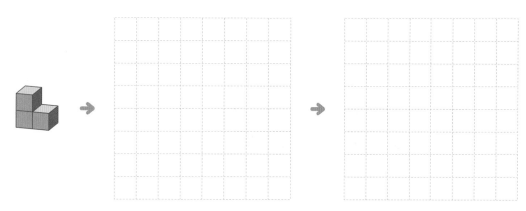

규칙

쌓은 모양에서 규칙 찾기

1 다음은 어떤 규칙에 따라 쌓기나무를 쌓은 것입니다. 물음에 답하세요.

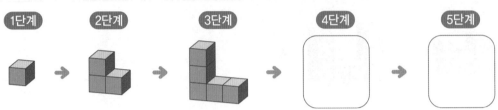

1단계 → 2단계 → 3단계 → 4단계 → 5단계

(1) 쌓기나무는 몇 개씩 늘어나나요?　　　　　　(　　　　　　)

(2) 5단계에 쌓을 쌓기나무는 모두 몇 개일까요?　(　　　　　　)

(3) 쌓기나무가 늘어나는 규칙을 써 보세요.

　　　규칙 쌓기나무가 ☐ 개씩 늘어나는 규칙입니다.

2 다음은 어떤 규칙에 따라 쌓기나무를 쌓은 것입니다. 물음에 답하세요.

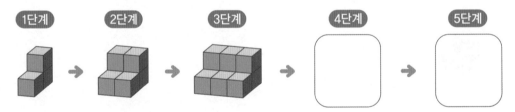

1단계 → 2단계 → 3단계 → 4단계 → 5단계

(1) 쌓기나무는 몇 개씩 늘어나나요?　　　　　　(　　　　　　)

(2) 5단계에 쌓을 쌓기나무는 모두 몇 개일까요?　(　　　　　　)

(3) 쌓기나무가 늘어나는 규칙을 써 보세요.

　　　규칙 _____

3 다음은 어떤 규칙에 따라 쌓기나무를 쌓은 것입니다. 쌓기나무의 수를 표로 나타내고 규칙을 써 보세요.

(1)

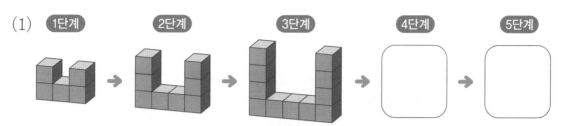

	1단계	2단계	3단계	4단계	5단계

규칙 _____

(2)

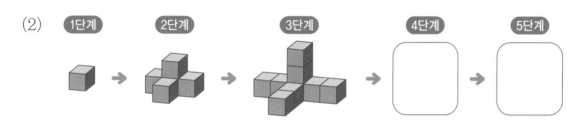

	1단계	2단계	3단계	4단계	5단계

규칙 _____

개념 정리 규칙 찾기

쌓기나무로 쌓은 모양이나 쌓기나무의 개수에서 규칙을 찾을 수 있습니다.

1	2	3	4

덧셈표나 곱셈표에는 어떤 규칙이 있나요?

1 여름이는 수 카드로 덧셈표를 채우려고 합니다. 물음에 답하세요.

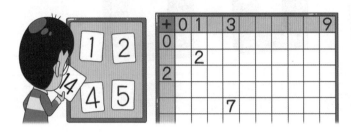

(1) 여름이는 수 카드 10 , 14 를 덧셈표에 올려놓으려고 합니다. 10 , 14 가

들어갈 수 있는 자리에 10, 14를 써넣으세요.

+	0	1		3			6			9
0										
		2								
2										
				7						
5										
9										

(2) 10이 들어갈 자리와 14가 들어갈 자리를 어떻게 찾았는지 써 보세요.

2 여름이가 이번에는 곱셈표에 수 카드를 올려놓고 있습니다. 물음에 답하세요.

(1) 다음 수 카드를 올려놓을 자리를 찾아 수를 써넣으세요.

| 10 | 24 | 32 | 49 |

×				5		8	
1	1	2					
2							
3							
7							

(2) 10, 24, 32, 49가 들어갈 자리를 어떻게 찾았는지 써 보세요.

(3) 10, 24, 32, 49를 놓을 수 있는 자리는 각각 몇 개인가요?

10 ➡ ☐ 개   24 ➡ ☐ 개

32 ➡ ☐ 개   49 ➡ ☐ 개

표에서 규칙 찾기

1 덧셈표에 어떤 규칙이 있는지 알아보세요.

+	0	1	2	3	4	5	6	7	8	9
0	0	1	2	3	4	5	6	7	8	9
1	1	2	3	4	5	6	7	8	9	10
2	2	3			6	7	8	9	10	11
3	3	4			7	8	9			12
4	4	5	6	7	8	9	10			13
5	5	6	7	8	9	10	11	12	13	14	← 규칙1
6	6	7	8	9	10			13	14	15	← 규칙3
7	7			10	11			14	15	16
8	8			11	12	13	14	15	16	17
9	9	10	11	12	13	14	15	16	17	18

규칙2

(1) 점선에 놓인 수들은 어떤 규칙이 있는지 써 보세요.

규칙1 _____

규칙2 _____

규칙3 _____

(2) 덧셈표에서 다른 규칙을 더 찾아 써 보세요.

 2 곱셈표에 어떤 규칙이 있는지 알아보세요.

×	1	2	3	4	5	6	7	8	9	
1	1	2	3	4	5	6	7	8	9	
2	2	4	6	8	10	12	14	16	18	
3	3			12	15	18			27	
4	4			16	20	24			36	
5	5	10	15	20	25	30	35	40	45	규칙1
6	6	12	18	24	30	36	42	48	54	
7			21	28			49	56	63	
8			24	32			56	64	72	
9	9	18	27	36	45	54	63	72	81	

규칙2 규칙3

(1) 점선에 놓인 수들은 어떤 규칙이 있는지 써 보세요.

규칙1 _____

규칙2 _____

규칙3 _____

(2) 곱셈표에서 다른 규칙을 더 찾아 써 보세요.

개념 정리 표에서 규칙 찾기

+	1	2	3
4	4+1	4+2	4+3
5	5+1	5+2	5+3

×	1	2	3
4	4×1	4×2	4×3
5	5×1	5×2	5×3

엘리베이터 숫자판에는 어떤 규칙이 있나요?

1 엘리베이터 안의 층수를 나타내는 숫자판입니다. 숫자판의 수에는 어떤 규칙이 있을까요?

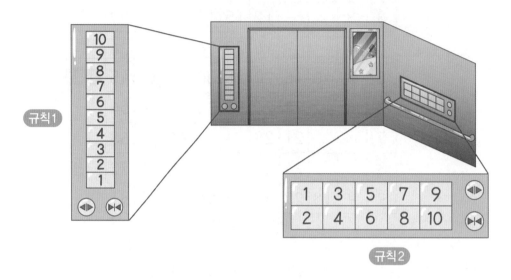

(1) 숫자판에 수가 배열된 규칙을 써 보세요.

규칙1

규칙2

2 농구 경기장의 관람석에 번호를 써넣으려고 합니다. 물음에 답하세요.

(1) 의자의 ☐에 번호를 써넣으세요.

(2) 어떤 규칙에 따라 번호를 써넣었는지 설명해 보세요.

(3) 자리를 하나 정해 ☆표를 그려 넣으세요. 그리고 문 1 을 통해 ☆표의 자리로 가는 길을 그려 보세요.

생활에서 규칙 찾기

1 영화관 의자 번호에서 규칙을 찾아보세요.

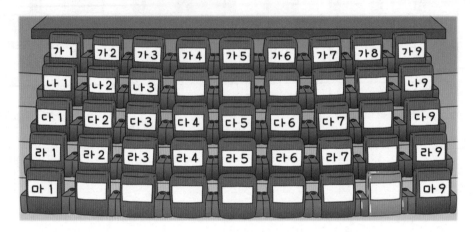

(1) 빈 곳에 알맞은 의자 번호를 써넣으세요.

(2) 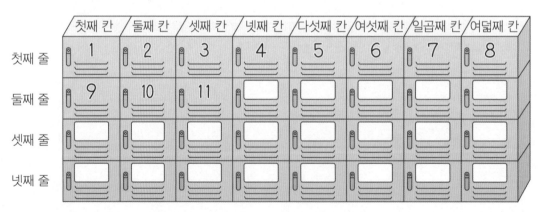의 의자 번호는 [   ]입니다.

2 사물함에 번호표가 일부만 남아 있습니다. 물음에 답하세요.

	첫째 칸	둘째 칸	셋째 칸	넷째 칸	다섯째 칸	여섯째 칸	일곱째 칸	여덟째 칸
첫째 줄	1	2	3	4	5	6	7	8
둘째 줄	9	10	11					
셋째 줄								
넷째 줄								

(1) 빈 곳에 알맞은 번호를 써넣으세요.

(2) 셋째 줄 셋째 칸의 번호는 [   ]입니다.

(3) 넷째 줄 일곱째 칸의 번호는 [   ]입니다.

3 달력을 보고 물음에 답하세요.

			10월			
일	월	화	수	목	금	토
		1	2	3	4	5
6	7	8	9	10	11	12
13	14	15	16	17	18	19
20	21	22	23	24	25	26
27	28	29	30	31		

			11월			
일	월	화	수	목	금	토

(1) 11월의 달력을 채워 보세요.

(2) 빨간색 선 위에 있는 날짜들은 ☐ 씩 커집니다.

(3) 파란색 선 위에 있는 날짜들은 ☐ 씩 커집니다.

4 찢어진 달력에서 날짜를 알아보세요.

			8월			
일	월	화	수	목	금	토
1	2	3	4	5	6	7
8	9	10				

(1) 셋째 주 목요일은 며칠인가요?

(   )

(2) 8월의 마지막 날은 무슨 요일인가요?

(   )

개념 정리 생활에서 규칙 찾기

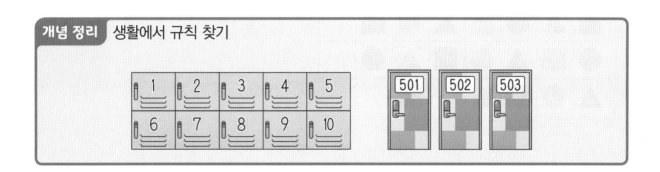

159

규칙 찾기

스스로 정리

1 규칙을 찾아 빈칸에 알맞은 수를 써 넣으세요.

+	2	4	6	8	10
1	3	5	7	9	11
3	5	7	9	11	
5	7	9	11		
7	9	11			
9	11				

2 규칙을 찾아 무늬를 완성해 보세요.

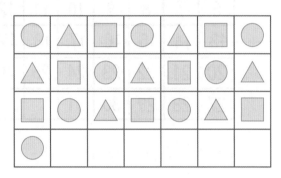

개념 연결 — 규칙을 찾아 완성해 보세요.

주제	규칙 찾기
규칙에 맞는 무늬 만들기	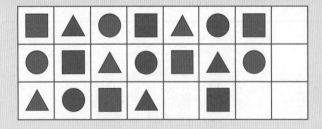

규칙에 따라 수 배열하기

7	10	13		19	22	

12	17	22	27		37	

1 규칙을 찾아 무늬를 완성하고 찾은 규칙을 친구에게 편지로 설명해 보세요.

1 규칙을 찾아 빈칸에 알맞은 수를 써넣고 다른 사람에게 설명해 보세요.

×		3		5
	4		8	10
3		9		
	8		16	
5		15		25

2 달력을 보고 찾을 수 있는 규칙이 무엇인지 다른 사람에게 설명해 보세요.

12월

일	월	화	수	목	금	토
					1	2
3	4	5	6	7	8	9
10	11	12	13	14	15	16
17	18	19	20	21	22	23
24	25	26	27	28	29	30
31						

규칙 찾기는
이렇게 연결돼요.

 1-2
규칙 찾기

 2-2
규칙 찾기

 4-1
규칙 설명하기

 4-1
규칙을 식으로
나타내기

1 □ 안에 알맞은 모양을 넣어 보세요.

(1)

(2)

2 □ 안에 알맞은 수를 써넣으세요.

(1) I - 2 - 3 - I - 2 - 3 - I - □ - 3

(2) 3 I I - 3 I 3 - □ - 3 I 7

(3) 54 - 5 I - 48 - □

3 모양이나 색깔을 수로 나타내어 보세요.

(1)

_____

(2)

_____

4 덧셈표와 곱셈표에서 규칙을 찾아 빈칸에 알맞은 수를 써넣으세요.

+	2	4	6	8
4	6			
5				
6				
7				

×	2	4	6	8
4	8			
5				
6				
7				

5 3층까지 있는 학교에서 I학년 I반부터 3학년 3반까지 교실을 정하려고 합니다. 규칙을 정하여 학년과 반을 교실 창문에 적어 보세요.

보기
> I학년 I반, I학년 2반, I학년 3반
> 2학년 I반, 2학년 2반, 2학년 3반
> 3학년 I반, 3학년 2반, 3학년 3반

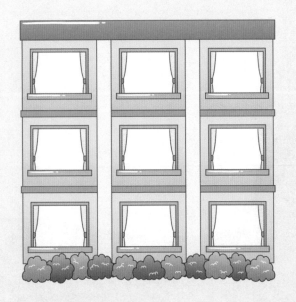

6 규칙을 찾아 빈칸에 알맞은 수를 써넣으세요.

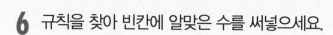

7 규칙에 따라 쌓기나무를 쌓고 있습니다. 다음에 이어질 모양의 쌓기나무의 수는 모두 몇 개일까요?

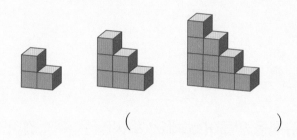

(   )

8 사과로 반복되는 규칙을 만들었습니다. 물음에 답하세요.

(1) 규칙을 수로 나타내어 보세요.

_____

(2) (1)과 같이 수로 나타내었을 때, 20번째에 올 수는 무엇인가요?

(   )

9 ◻ 을 다음과 같은 규칙으로 나타낼 때, 가에 알맞은 모양을 그려 보세요.

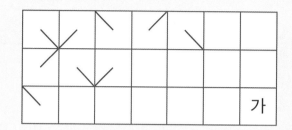

가 ➡ ◻

10 규칙을 찾아 25번째에 올 모양을 그려 보세요.

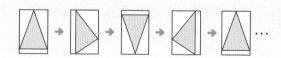

25번째 ➡ ◻

11 영화관 자리를 나타낸 그림입니다. ★에 들어갈 번호는 무엇인가요?

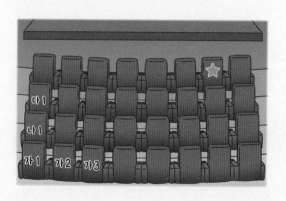

(   )

163

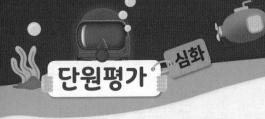
1 곱셈표에서 규칙을 찾아 빈칸에 알맞은 수를 써넣으세요.

×	5	6	7	8	9	10	11	12	13	14	15
2											
3											
4											
5											

2 □ 안에 1부터 9까지의 수를 써넣어 나만의 규칙을 만들어 보세요. 또 써넣은 수의 길이만큼 점선 위에 선을 그어 보세요.

☐ cm   ☐ cm   ☐ cm   ☐ cm   ☐ cm

3 어느 호텔 3층의 방 배치도입니다. 규칙을 정하여 방의 번호를 써넣으세요.

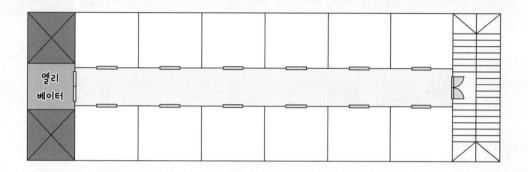

4 전화기의 버튼을 다르게 배열해 보세요.

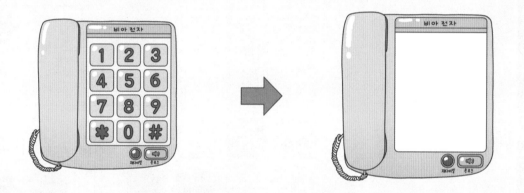

5 빈칸에 ●와 ■를 넣어 규칙을 만들고 수 배열로 나타내어 보세요.

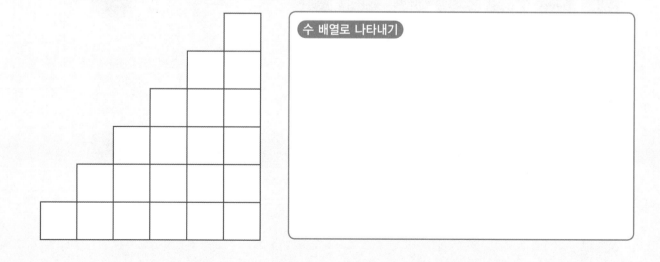

수 배열로 나타내기

초·중·고 수학 개념연결 지도

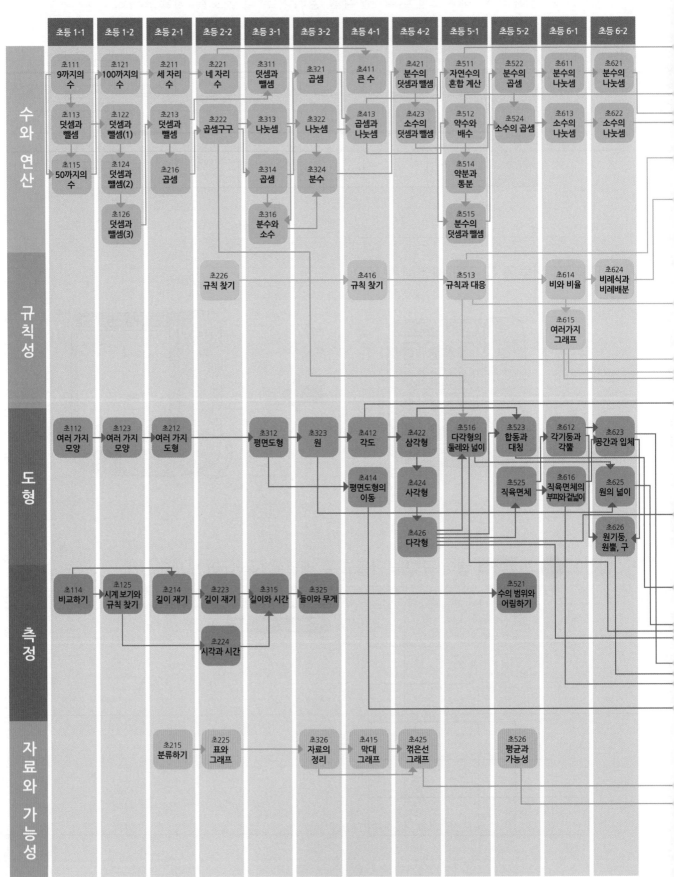

	초등 1-1	초등 1-2	초등 2-1	초등 2-2	초등 3-1	초등 3-2	초등 4-1	초등 4-2	초등 5-1	초등 5-2	초등 6-1	초등 6-2
수와 연산	초111 9까지의 수	초121 100까지의 수	초211 세 자리 수	초221 네 자리 수	초311 덧셈과 뺄셈	초321 곱셈	초411 큰 수	초421 분수의 덧셈과 뺄셈	초511 자연수의 혼합 계산	초522 분수의 곱셈	초611 분수의 나눗셈	초621 분수의 나눗셈
	초113 덧셈과 뺄셈	초122 덧셈과 뺄셈(1)	초213 덧셈과 뺄셈	초222 곱셈구구	초313 나눗셈	초322 나눗셈	초413 곱셈과 나눗셈	초423 소수의 덧셈과 뺄셈	초512 약수와 배수	초524 소수의 곱셈	초613 소수의 나눗셈	초622 소수의 나눗셈
	초115 50까지의 수	초124 덧셈과 뺄셈(2)	초216 곱셈		초314 곱셈	초324 분수			초514 약분과 통분			
		초126 덧셈과 뺄셈(3)			초316 분수와 소수				초515 분수의 덧셈과 뺄셈			
규칙성				초226 규칙 찾기			초416 규칙 찾기		초513 규칙과 대응		초614 비와 비율	초624 비례식과 비례배분
											초615 여러가지 그래프	
도형	초112 여러 가지 모양	초123 여러 가지 모양	초212 여러 가지 도형	초312 평면도형	초323 원	초412 각도	초422 삼각형	초516 다각형의 둘레와 넓이	초523 합동과 대칭	초612 각기둥과 각뿔	초623 공간과 입체	
					초414 평면도형의 이동		초424 사각형		초525 직육면체	초616 직육면체의 부피와 겉넓이	초625 원의 넓이	
							초426 다각형				초626 원기둥, 원뿔, 구	
측정	초114 비교하기	초125 시계 보기와 규칙 찾기	초214 길이 재기	초223 길이 재기	초315 길이와 시간	초325 들이와 무게			초521 수의 범위와 어림하기			
				초224 시각과 시간								
자료와 가능성			초215 분류하기	초225 표와 그래프	초326 자료의 정리	초415 막대 그래프	초425 꺾은선 그래프		초526 평균과 가능성			

QR코드를 스캔하면
'수학 개념연결 지도'를 내려받을 수 있습니다.
https://blog.naver.com/viabook/222160461455

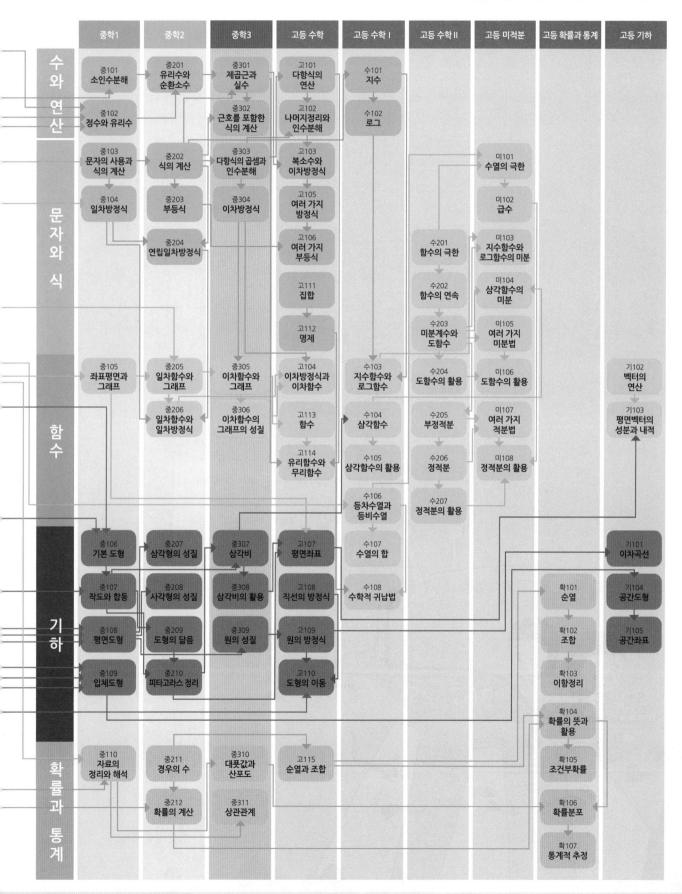

중학1	중학2	중학3	고등 수학	고등 수학 I	고등 수학 II	고등 미적분	고등 확률과 통계	고등 기하

수와 연산

- 중101 소인수분해
- 중102 정수와 유리수
- 중201 유리수와 순환소수
- 중301 제곱근과 실수
- 중302 근호를 포함한 식의 계산
- 고101 다항식의 연산
- 고102 나머지정리와 인수분해
- 수101 지수
- 수102 로그

문자와 식

- 중103 문자의 사용과 식의 계산
- 중104 일차방정식
- 중202 식의 계산
- 중203 부등식
- 중204 연립일차방정식
- 중303 다항식의 곱셈과 인수분해
- 중304 이차방정식
- 고103 복소수와 이차방정식
- 고105 여러 가지 방정식
- 고106 여러 가지 부등식
- 고111 집합
- 고112 명제
- 미101 수열의 극한
- 미102 급수
- 미103 지수함수와 로그함수의 미분
- 미104 삼각함수의 미분
- 미105 여러 가지 미분법
- 미106 도함수의 활용
- 수201 함수의 극한
- 수202 함수의 연속
- 수203 미분계수와 도함수
- 수204 도함수의 활용

함수

- 중105 좌표평면과 그래프
- 중205 일차함수와 그래프
- 중206 일차함수와 일차방정식
- 중305 이차함수와 그래프
- 중306 이차함수의 그래프의 성질
- 고104 이차방정식과 이차함수
- 고113 함수
- 고114 유리함수와 무리함수
- 수103 지수함수와 로그함수
- 수104 삼각함수
- 수105 삼각함수의 활용
- 수106 등차수열과 등비수열
- 수205 부정적분
- 수206 정적분
- 수207 정적분의 활용
- 미107 여러 가지 적분법
- 미108 정적분의 활용
- 기102 벡터의 연산
- 기103 평면벡터의 성분과 내적

기하

- 중106 기본 도형
- 중107 작도와 합동
- 중108 평면도형
- 중109 입체도형
- 중207 삼각형의 성질
- 중208 사각형의 성질
- 중209 도형의 닮음
- 중210 피타고라스 정리
- 중307 삼각비
- 중308 삼각비의 활용
- 중309 원의 성질
- 고107 평면좌표
- 고108 직선의 방정식
- 고109 원의 방정식
- 고110 도형의 이동
- 수107 수열의 합
- 수108 수학적 귀납법
- 확101 순열
- 확102 조합
- 확103 이항정리
- 기101 이차곡선
- 기104 공간도형
- 기105 공간좌표

확률과 통계

- 중110 자료의 정리와 해석
- 중211 경우의 수
- 중212 확률의 계산
- 중310 대푯값과 산포도
- 중311 상관관계
- 고115 순열과 조합
- 확104 확률의 뜻과 활용
- 확105 조건부확률
- 확106 확률분포
- 확107 통계적 추정

'생각 열기'는 내 생각을 쓰는 문제이기 때문에 답이 여러 가지일 수 있어요. 답과 해설을 참고하여 여러분의 생각과 비교하고 수정해 보세요.

수학의 미래

초등 2-2

정답과 해설

기억하기   12~13쪽

1   436 / 사백삼십육

2   8, 7, 3, 800, 70, 3 / 800, 70, 3

3   (1) 463, 563, 663
    (2) 558, 598, 608

4   (1) > (2) <

5   439에 △표, 702에 ○표

생각열기 ❶   14~15쪽

1   (1) 10 10 10 10 10 10 10 10 10 10
    (2) 100장 / 10(십), 20(이십), 30(삼십), 40(사
        십), 50(오십), 60(육십), 70(칠십), 80(팔십),
        90(구십), 100(백)과 같이 10씩 뛰어 세었습
        니다.

2   (1) 100 100 100 100 100
        100 100 100 100 100
    (2) 아니요. / 해설 참조
    (3) 1000장 / 100(백), 200(이백), 300(삼백),
        400(사백), 500(오백), 600(육백), 700(칠
        백), 800(팔백), 900(구백), 1000(천)과 같이
        100씩 뛰어 세었습니다.

3   예 100 100 100 100 100 10 10 10 10 10
       100 100 100 100   10 10 10 10 10

1   (2) 10(십)씩 뛰어 세었습니다.

2   (2) '90(구십)' 다음은 '십십'이 아니라 '100(백)'입니다. 따
        라서 '900(구백)' 다음은 '십백'이라고 세지 않을 것입
        니다.
    (3) 100(백)씩 뛰어 세었습니다. 이때 '9(구)' 다음은
        '10(십)', '90(구십)' 다음은 '100(백)'이라고 세는 것처
        럼 '900(구백)' 다음은 새로운 단위가 필요할 것이므로
        1000(천)이라고 세었습니다.

3   다양한 방법으로 1000을 만들 수 있습니다.

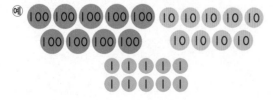

개념활용 ❶-1   16~17쪽

1   (1) 600, 700, 800, 900, 1000
    (2) 10묶음
    (3) 1000개

2   (1) 1000 / 100
    (2) 10
    (3) 1000 / 1

3   예 – 1000은 600보다 400 큰 수입니다.
        – 1000은 999보다 1 큰 수입니다.

2   (1) 백 모형 9개는 900, 10개는 1000과 같습니다. 따
        라서 1000은 900보다 100 큰 수입니다.
    (2) 백 모형 9개와 십 모형 9개는 990, 백 모형 9개와
        십 모형 10개는 1000과 같습니다. 따라서 1000은
        990보다 10 큰 수입니다.

생각열기 ❷   18~19쪽

1   (1) 1000 1000
    (2) 2000장 / 1000, 2000과 같이 세었습니다.

2   (1) 1000 1000 100 100 100
    (2) 2300장 / 1000, 2000, 2100, 2200,
        2300과 같이 세었습니다.

3   (1) 1000 1000 100 100 100 10 10 10 10
    (2) 2340장 / 1000, 2000, 2100, 2200,
        2300, 2310, 2320, 2330, 2340과 같
        이 세었습니다.

4   (1) 1000 1000 100 100 100 10 10 10 10
        1 1 1 1 1
    (2) 2345장 / 1000, 2000, 2100, 2200,
        2300, 2310, 2320, 2330, 2340,
        2341, 2342, 2343, 2344, 2345와 같
        이 세었습니다.

1   (2) 1000이 2개이므로 2000입니다.

2   (2) 1000이 2개이면 2000, 100이 3개이면 300이
        므로 2300입니다.

3   (2) 1000이 2개이면 2000, 100이 3개이면 300,
        10이 4개이면 40이므로 2340입니다.

4 (2) 1000이 2개이면 2000, 100이 3개이면 300, 10이 4개이면 40, 1이 5개이면 5이므로 2345입니다.

---

1 (1) 1000 - 2000입니다.
　　(2) 1000이 2묶음이므로 2000입니다.
2 (1) 쓰기 5000　읽기 오천
　　(2) 쓰기 8000　읽기 팔천
3 (1) (위에서부터) 3개 / 2개 / 6개 / 8개
　　(2) 1000이 3개, 100이 2개, 10이 6개, 1이 8개이므로 3268입니다.
4 예

1000 1000 1000　100 100 100 100
1000 1000 1000　100 100 100 100

10 10　1 1
10 10

쓰기 6842　읽기 육천팔백사십이

---

1 (1) 예 453
　　(2) 예

100 100 100 100　10 10 10 10 10

1 1 1 / 해설 참조

　　(3) 예 세 자리 수 453에서 백의 자리 숫자 4는 400을, 십의 자리 숫자 5는 50을, 일의 자리 숫자 3은 3을 나타냅니다.
2 (1)

1000 1000 1000　100 100 100 100

10 10 10 10 10　1 1 1 1 1 1

　　(2) 3456
　　(3) 네 자리 수 3456에서 천의 자리 숫자 3은 3000을 나타내고, 백의 자리 숫자 4는 400을 나타내고, 십의 자리 숫자 5는 50을 나타내고, 일의 자리 숫자 6은 6을 나타냅니다.

1 (2) 세 자리 수 453을 100 4개, 10 5개, 1 3개로 나타냈습니다.

---

1 (1) 3, 4, 6, 7
　　(2) 3467
　　(3) (위에서부터) 3000 / 400 / 60 / 7
2 3000+400+60+7
3 (1) 6000 (2) 90 (3) 300 (4) 8
4 4650

---

4 4000보다 크고 5000보다 작은 수이므로 천의 자리 숫자는 4입니다. 천의 자리 숫자가 4이고 6, 0, 5, 4로 만들 수 있는 가장 큰 수이므로 남은 숫자 6, 0, 5를 백의 자리부터 차례로 큰 순서대로 쓰면 4650입니다.

---

1 2000, 3000, 4000, 5000, 6000, 7000, 8000, 9000 / 천의 자리 숫자가 1씩 커집니다.
2 9200, 9300, 9400, 9500, 9600, 9700, 9800, 9900 / 백의 자리 숫자가 1씩 커집니다.
3 9920, 9930, 9940, 9950, 9960, 9970, 9980, 9990 / 십의 자리 숫자가 1씩 커집니다.
4 9992, 9993, 9994, 9995, 9996, 9997, 9998, 9999 / 일의 자리 숫자가 1씩 커집니다.

---

1 예 백, 십, 일의 자리 숫자는 변하지 않고 천의 자리 숫자만 1씩 커집니다.
2 예 천, 십, 일의 자리 숫자는 변하지 않고 백의 자리 숫자만 1씩 커집니다.
3 예 천, 백, 일의 자리 숫자는 변하지 않고 십의 자리 숫자만 1씩 커집니다.
4 예 천, 백, 십의 자리 숫자는 변하지 않고 일의 자리 숫자만 1씩 커집니다.

---

1 (1) 예 634
　　(2) 백의 자리 숫자를 비교하면 356은 3, 634는 6이고, 6은 3보다 크므로 634는 356보다 큽니다.
2 해설 참조

---

(1) 예 3456 / 4365

(2) 천의 자리 숫자를 비교하면 3456은 3, 4365는 4이고, 4는 3보다 크므로 4365는 3456보다 큽니다.

4 해설 참조

2 세 자리 수의 크기는 백의 자리 숫자부터 비교하고, 백의 자리 숫자가 같으면 십의 자리 숫자, 십의 자리 숫자가 같으면 일의 자리 숫자끼리 비교합니다. 마찬가지로 네 자리 수도 천의 자리 숫자부터 차례로 비교하면 될 것입니다.

4 세 자리 수의 크기 비교와 마찬가지로 천의 자리 숫자부터 비교하고, 천의 자리 숫자가 같으면 백의 자리 숫자, 백의 자리 숫자가 같으면 십의 자리 숫자, 십의 자리 숫자가 같으면 일의 자리 숫자끼리 비교합니다.

개념활용 ④-1

30~31쪽

1 (1) <
(2) 해설 참조

2 (1) (위에서부터) 7, 1, 8 / 3, 1, 2, 4 / >
(2) 해설 참조

3 (1) (위에서부터) 3, 7, 2 / 6, 6, 9, 8 / 8, 9, 0, 1
(2) 6698, 8901
(3) 해설 참조

1 (2) 예 – 2459의 천의 자리 숫자 2와 3124의 천의 자리 숫자 3을 비교하면 2<3이므로 3124가 더 큽니다.
– 네 자리 수의 크기를 비교할 때 천의 자리 숫자가 더 크면 더 큰 수입니다.
– 네 자리 수의 크기를 비교할 때 천의 자리 숫자가 다르면 천의 자리 숫자끼리 비교합니다.

2 (2) 예 – 3718과 3124는 천의 자리 숫자가 같으므로 백의 자리 숫자를 비교했습니다.
– 3718의 백의 자리 숫자 7과 3124의 백의 자리 숫자 1을 비교하면 7>1이므로 3718이 더 큽니다.

3 (3) 예 천의 자리 숫자부터 비교하면 6<8이므로 6698이 세 수 중 가장 작습니다.
8372와 8901은 천의 자리 숫자가 같으므로 백의 자리 숫자를 비교합니다. 3<9이므로 8901이 세 수 중 가장 큽니다.

표현하기

32~33쪽

스스로 정리

1 – 4852는 1000이 4개, 100이 8개, 10이 5개, 1이 2개인 수입니다.
– 4852는 사천팔백오십이라고 읽습니다.
– 4852=4000+800+50+2

2 >, >

두 수의 크기를 비교하는 방법

① 자리 수를 비교합니다. 1110은 네 자리 수, 982는 세 자리 수이므로 1110이 더 큽니다.

② 자리 수가 같으면 천의 자리 숫자부터 비교합니다. 천의 자리와 백의 자리 숫자가 같고 십의 자리 숫자 7이 6보다 크므로 6374가 더 큰 수입니다.

개념 연결

세 자리 수	3, 6, 5 / 세
세 자리 수의 크기 비교	백의 자리 숫자부터 비교합니다. 백의 자리 숫자가 같으므로 십의 자리 숫자를 비교하면 4가 3보다 큽니다. 그러므로 536<541입니다.

1️⃣ 세 자리 수를 비교할 때는 다음 순서로 생각하면 돼.
① 백의 자리 숫자부터 비교하는 거야.
② 백의 자리 숫자가 같으면 십의 자리 숫자를 비교해.
③ 십의 자리 숫자가 같으면 일의 자리 숫자를 비교하면 되겠지.
네 자리 수를 비교하는 방법도 똑같아. 네 자리 수에서는 천의 자리 숫자부터 비교하면 되겠지.

2 두 수가 모두 네 자리 수이고, 천의 자리 숫자와 백의 자리
   숫자가 같으므로 십의 자리 숫자를 비교하면 □>6이어야
   합니다. 그런데 일의 자리 숫자가 5>4이므로 십의 자리
   숫자가 같아도 됩니다. 따라서 □ 안에 들어갈 수 있는 수
   는 6을 포함하여 6. 7. 8. 9입니다.

1 ㉢. ㉣
2 (1) 300 (2) 500
3 3상자
4 쓰기 4045 읽기 사천사십오
5 5698
6 4967에 색칠
7 8267에 △표. 7012에 ○표
8 6개
9 풀이 백의 자리 숫자가 |씩 커지고, 천의 자리,
   십의 자리, 일의 자리 숫자는 변하지 않으므로
   100씩 뛰어 센 것입니다.
   / 100
10 (위에서부터) 4905 / 4805. 6805 / 6705 /
   4505. 6505 / 4405 / 3305. 5305
11 (1) > (2) <
12 7. 8. 9

1 ㉠ |이 100개인 수 → 100
   ㉡ 10이 10개인 수 → 100
   ㉢ 100이 10개인 수 → 1000
   ㉣ 990보다 10 큰 수 → 1000
   따라서 1000을 나타낸 것은 ㉢. ㉣입니다.

2 (1) 1000은 700보다 300 큰 수이므로 빈칸에 들어갈
   알맞은 수는 300입니다.
   (2) 1000은 500보다 500 큰 수이므로 빈칸에 들어갈
   알맞은 수는 500입니다.

3 3000은 1000이 3개인 수입니다. 따라서 한 상자에
   1000개씩 3상자를 사면 구슬 3000개를 살 수 있습니
   다.

4 1000이 4개, 10이 4개, |이 5개인 수이므로 4045입니
   다. 4045는 사천사십오라고 읽습니다.

5 100이 16개이면 1000이 |개, 100이 6개입니다. 따
   라서 1000이 5개, 100이 6개, 10이 9개, |이 8개인
   수는 5698입니다.

6 6034 → 4   4967 → 4000
   5481 → 400   7842 → 40
   따라서 숫자 4가 4000을 나타내는 수는 4967입니다.

7 3712 → 700   8267 → 7
   9273 → 70   7012 → 7000
   따라서 숫자 7이 나타내는 수가 가장 큰 것은 7012. 가
   장 작은 것은 8267입니다.

8 백의 자리 숫자가 2인 네 자리 수를 _2___라고 할 때
   남은 숫자 6. 5. |을 한 번씩만 사용하여 만들 수 있는
   네 자리 수는 6251. 6215. 5261. 5216. 1265.
   1256이므로 모두 6개입니다.

11 (1) 천의 자리 숫자부터 비교합니다. 7>5이므로
   7193>5974입니다.
   (2) 천의 자리 숫자가 같으므로 백의 자리 숫자를 비교합니
   다. 3<8이므로 6303<6826입니다.

12 5768과 57□4는 천의 자리, 백의 자리 숫자는 각각 같
   고 일의 자리 숫자는 8>4이므로 5768<57□4이려면
   6<□이어야 합니다. 따라서 □ 안에 들어갈 수 있는 수는
   7. 8. 9입니다.

1 100원
2 7012
3 2. 0. 3. 6. 2000. 3 / 5719
4 풀이 해설 참조
   / 1000개
5 풀이 해설 참조
   / 8500원

1 100원짜리 동전은 800원, 10원짜리 동전 10개는 100원입니다. 따라서 혜림이가 가지고 있는 돈은 900원입니다. 900원에서 100원이 더 있으면 1000원입니다. 따라서 1000원이 되려면 100원이 더 있어야 합니다.

2 칠천칠 → 7007, 구천 → 9000입니다. 7007, 2016, 5834, 9000, 7012를 천의 자리 숫자부터 차례로 비교하면 9000이 가장 큰 수이고, 7007과 7012는 천의 자리, 백의 자리 숫자가 각각 같으므로 십의 자리 숫자를 비교하면 0<1이므로 7007<7012입니다. 따라서 두 번째로 큰 수는 7012입니다.

3 ㅡ 2036은 1000이 2개, 100이 0개, 10이 3개, 1이 6개인 수입니다. 2036의 천의 자리 숫자 2는 2000을 나타내고, 2036의 십의 자리 숫자는 3입니다.
ㅡ 숫자 5가 나타내는 수는 5000이므로 천의 자리 숫자는 5이고, 숫자 9가 나타내는 수는 9이므로 일의 자리 숫자는 9입니다. 따라서 네 자리 수는 5719입니다.

4 빨대가 100개씩 포장된 큰 봉지 20개는 빨대가 2000개, 10개씩 포장된 작은 봉지 200개는 빨대가 2000개이므로 빨대를 모두 5000개 주문하려면 1000개를 더 주문해야 합니다.

5 9, 10, 11, 12월의 매달 첫날에 2000원씩 저금하므로 500부터 2000씩 4번 뛰어 세면 됩니다. 500-2500-4500-6500-8500이므로 12월의 마지막 날 저금통에 들어 있는 돈은 8500원입니다.

기억하기   40~41쪽

1 (1) 6묶음
　 (2) 3묶음
　 (3) 12개
2 7, 3, 21
3 (1) 3 / 3 (2) 5, 30 / 5, 30
4 (1) 4 (2) 6 (3) 32 (4) 32 (5) 27 (6) 35

생각열기 ❶   42~43쪽

1 (1) 해설 참조
　 (2) 해설 참조
　 (3) 아니요. / 해설 참조
2 (1) 해설 참조
　 (2) 네. / 해설 참조

1 (1) ㅡ 우쿨렐레 1개에는 줄이 4개 있습니다. 우쿨렐레가 5개 있으므로 4+4+4+4+4=20입니다. 우쿨렐레 줄은 모두 20개입니다.
　　 ㅡ 4개씩 5번 더하므로, 4+4+4+4+4는 4×5와 같습니다. 4×5=20(개)입니다.
　 (2) ㅡ 우쿨렐레 6개는 5개보다 1개 더 많습니다. 우쿨렐레 5개의 줄 수에 4를 더하면 됩니다. 우쿨렐레 6개의 줄의 수는 20+4=24(개)입니다.
　　 ㅡ 우쿨렐레 5개의 줄의 수를 구할 때 4×5로 계산했습니다. 우쿨렐레 6개의 줄의 수는 4×6으로 계산하면 됩니다. 4×6=24(개)입니다.
　 (3) ㅡ 우쿨렐레 8개의 줄의 수는 4×8=32(개)입니다.
　　 ㅡ 우쿨렐레가 1개씩 늘어날 때마다 줄의 수는 4개씩 많아집니다. 우쿨렐레 6개의 줄의 수는 24개이고 28은 24보다 4 큰 수 이므로, 우쿨렐레의 수는 6개보다 1개 더 많습니다. 줄의 수가 28개이면 우쿨렐레는 7개입니다.

2 (1) ㅡ 한 상자에 배가 6개씩 들어 있습니다. 5상자에는 6을 5번 더하여 배의 개수를 구할 수 있습니다. 6+6+6+6+6=30(개)입니다.
　　 ㅡ 6개씩 5상자는 6×5로 쓸 수 있습니다. 6×5=30(개)입니다.
　 (2) 배가 한 상자에 6개씩 들어가므로 8상자에는 6을 8번 더하여 6+6+6+6+6+6+6+6=48(개) 필요합

니다. 6을 8번 더하는 것은 6×8로 계산할 수 있습니다. 6×8=48입니다.

개념활용 **1**-1   44～45쪽

1 (1) 4, 6, 8, 12, 14, 16, 18
  (2) 6 / 4
2 (위에서부터) 1 / 2, 4 / 3 / 4, 8 / 10 / 2, 6, 12
3 (1)   (2) 2 큽니다. (3) 14

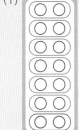

4 (1) 2, 4, 6, 8, 12, 14, 16, 18
  (2) 2씩 커집니다.
  (3) 20입니다. / 2×10은 2×9보다 2 크므로
     2×10=20입니다.

개념활용 **1**-2   46～47쪽

1 (1) 20
  (2) 5+5+5+5=20 / 5×4=20
  (3) (위에서부터) 10, 2, 10 / 15, 3, 15 / 20,
    4, 20
2 (1)   (2) 5 (3) 25

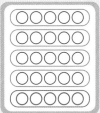

3 (왼쪽에서부터) 4, 5, 5, 5, 20, 4 / 5, 20 / 2,
  10, 20
4 (1) 25, 30, 35, 40, 45
  (2) 5씩 커집니다.
  (3) 5×8=40입니다. / ㉘ 5×8은 5×7보다 5
    크므로 35+5=40입니다. / ㉘ 5×8은 5×
    4의 2배입니다. 20의 2배는 20+20=40
    이므로 5×8=40입니다.

개념활용 **1**-3   48～49쪽

1 4×5=20
2 (1) (위에서부터) 1, 2, 3, 12 / 4, 16, 24 / 28,
    32, 36
  (2) 8은 4의 2배이므로, 4×8은 4×4의 2배
    입니다. 16의 2배는 16+16=32이므로
    4×8=32입니다.
3 (1) 48
  (2) 5마리는 6마리보다 1마리 적으므로, 8×5
    는 8×6보다 8 작습니다. 8×6=48이므로
    8×5=40(개)입니다.
4 (1) (위에서부터) 16, 3, 4, 40, 56, 72
  (2) 8×4=32이고 4×8=32입니다. 8×4는
    4×8과 같습니다. 즉, 8×4=4×8입니다.
  (3) (위에서부터) 24, 8, 6, 6

개념활용 **1**-4   50～51쪽

1 (1)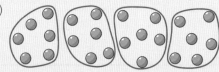
  (2) 3×8=24
  (3) 구슬 묶음이 8에서 9로 변하므로
    3×9=27입니다.
2 (1)
  (2) 6×4=24
  (3) 구슬 묶음이 4에서 5로 변하므로
    6×5=30입니다.
3 (1) (왼쪽에서부터) 9, 18, 24, 27 / 24, 36,
    42, 54
  (2) 3씩 커집니다.
  (3) 6×6=36입니다. / ㉘ 6×5=30이고,
    6×6은 6×5보다 6 크므로 6×6=36입니
    다.

개념활용 **1**-5   52～53쪽

1 (1) 7×6=42
  (2) 7개가 늘어납니다.
  (3) 7×7=49

175

2 (1) 28

(2) 8은 4의 2배이므로, 7×8은 7×4=28의 2배입니다. 28의 2배는 28+28=56이므로 7×8=56입니다.

3 (1) (위에서부터) 7, 14, 28, 35, 8, 63

(2) 7씩 커집니다.

(3) (위에서부터) 28, 7, 5, 5

(4) 7×5를 이용하기 7×6은 7×5보다 7 크므로 7×6=35+7=42입니다.

7×3을 이용하기 6은 3의 2배이므로, 7×6은 7×3의 2배입니다. 21의 2배는 21+21=42이므로 7×6=42입니다.

54~55쪽

개념활용 ①-6

1 (1) 9개 (2) 5줄

(3) 9×5=45 또는 5×9=45

2 (1) 54

(2) 9×5는 9×6보다 9가 작으므로 54−9=45입니다. 그러므로 9×5=45입니다.

3 (1) (위에서부터) 18, 4, 54, 7, 72

(2) 9씩 커집니다.

(3) (위에서부터) 45, 9, 9, 9

(4) 27, 36, 54, 63 /

– 곱이 9씩 커집니다.

– 곱의 일의 자리 숫자는 1씩 작아지고 십의 자리 숫자는 1씩 커집니다.

56~57쪽

개념활용 ①-7

1 (1) 2, 2 (2) 5, 5 (3) 8, 8

2 (1) 1, 2, 3, 4, 5, 6, 7, 8, 9

(2) 곱셈표에서와 같이 1과 어떤 수의 곱은 항상 어떤 수 그 자신이 됩니다.

3 (1) (위에서부터) 0, 0 / 0, 0

(2) 0+0+0+0+0+0+0+0=0이므로 0×8=0입니다.

(3) 8×0은 8×1보다 8이 작습니다. 8×1=8이므로 8×0=8−8=0입니다.

(4) 0, 0, 0

(5) 0에 어떤 수를 곱하거나 어떤 수에 0을 곱하면 곱은 항상 0이 됩니다.

58~59쪽

생각열기 ②

1 (1), (2)

×	0	1	2	3	4	5	6	7	8	9
0	0	0	0	0	0	0	0	0	0	0
1	0	1	2	3	4	5	6	7	8	9
2	0	2	4	6	8	10	12	14	16	18
3	0	3	6	9	12	15	18	21	24	27
4	0	4	8	12	16	20	24	28	32	36
5	0	5	10	15	20	25	30	35	40	45
6	0	6	12	18	24	30	36	42	48	54
7	0	7	14	21	28	35	42	49	56	63
8	0	8	16	24	32	40	48	56	64	72
9	0	9	18	27	36	45	54	63	72	81

/ 해설 참조

(3), (4) 해설 참조

2 (1)

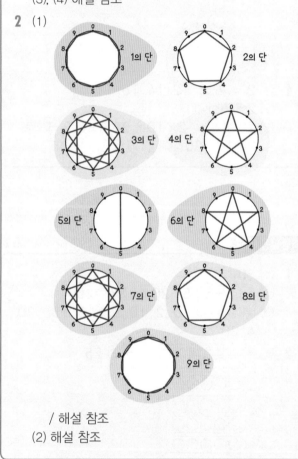

/ 해설 참조

(2) 해설 참조

1 (2) 6의 단 곱셈구구는 → 방향과 ↓ 방향으로 6씩 커지고, ← 방향과 ↑ 방향으로는 6씩 작아집니다. 6의 단 곱셈구구에서는 곱하는 수가 1씩 커질 때마다 곱은 6씩 커집니다.

(3) 맞습니다. 왼쪽으로 7씩 작아지는 규칙이 있는 수는 오른쪽으로는 7씩 커지는 규칙이 있는 수입니다. 오른쪽으로 7씩 커지는 규칙이 있는 수는 7의 단 곱셈구구입니다. 7의 단 곱셈구구의 곱을 가장 큰 수부터 왼쪽에

있는 수 순서로 쓰면 63, 56, 49, 42, 35, 28, 21, 14, 7로 왼쪽으로 7씩 작아지는 수입니다.

(4) – 곱셈표에서 → 방향과 ↓방향으로는 몇의 단 곱셈구구로 몇씩 커지는 규칙이 있습니다.
　　– 7×4=28, 4×7=28과 같이 곱하는 수의 위치가 다르지만 곱하는 두 수가 같으면 곱은 같습니다.

2 (1) 만들어진 도형이 같은 것끼리 분류합니다.
　　1의 단과 9의 단, 2의 단과 8의 단, 3의 단과 7의 단, 4의 단과 6의 단 곱셈구구의 곱의 일의 자리 숫자를 연결한 모양이 같습니다.
　　5의 단은 같은 도형이 없습니다.

(2) 곱의 일의 자리 숫자가 어떤 순서로 바뀌는지 알면 몇의 단 곱셈구구인지 알 수 있습니다.
　　1의 단 곱셈구구에서는 곱의 일의 자리 숫자가 1→2→3→4→5→6→7→8→9입니다.
　　2의 단 곱셈구구에서는 곱의 일의 자리 숫자가 2→4→6→8→0→2→4→6→8입니다.
　　3의 단 곱셈구구에서는 곱의 일의 자리 숫자가 3→6→9→2→5→8→1→4→7입니다.
　　4의 단 곱셈구구에서는 곱의 일의 자리 숫자가 4→8→2→6→0→4→8→2→6입니다.
　　5의 단 곱셈구구에서는 곱의 일의 자리 숫자가 5→0→5→0→5→0→5→0→5입니다.
　　6의 단 곱셈구구에서는 곱의 일의 자리 숫자가 6→2→8→4→0→6→2→8→4입니다.
　　7의 단 곱셈구구에서는 곱의 일의 자리 숫자가 7→4→1→8→5→2→9→6→3입니다.
　　8의 단 곱셈구구에서는 곱의 일의 자리 숫자가 8→6→4→2→0→8→6→4→2입니다.
　　9의 단 곱셈구구에서는 곱의 일의 자리 숫자가 9→8→7→6→5→4→3→2→1입니다.
　　이와 같이 바뀌는 규칙이 있기 때문에 겨울이의 말은 맞습니다.

60~61쪽

1 (1), (2)

×	0	1	2	3	4	5	6	7	8	9
0	0	0	0	0	0	0	0	0	0	0
1	0	1	2	3	4	5	6	7	8	9
2	0	2	4	6	8	10	12	14	16	18
3	0	3	6	9	12	15	18	21	24	27
4	0	4	8	12	16	20	24	28	32	36
5	0	5	10	15	20	25	30	35	40	45

(2) 5의 단 곱셈구구에서는 곱셈표에서 → 방향으로, ↓방향으로 곱이 5씩 커집니다.

(3) 예 – 0에 어떤 수를 곱하면 곱은 0입니다.
　　– 어떤 수에 0을 곱하면 곱은 0입니다.
　　– 0과 어떤 수의 곱은 항상 0입니다.

(4) 예 – 1에 어떤 수를 곱하면 곱은 어떤 수입니다.
　　– 어떤 수에 1을 곱하면 곱은 어떤 수입니다.
　　– 1과 어떤 수의 곱은 항상 어떤 수 그 자신이 됩니다.

2 (1) 8, 48 / 6, 48
(2) 6×8과 8×6의 곱은 48로 같습니다. 곱하는 두 수의 순서를 서로 바꾸어도 곱은 같습니다.
(3) 2, 5 / 4, 3

3 (위에서부터) 4×7, 7×4 / 2×6, 6×2, 3×4, 4×3 / 4×9, 6×6, 9×4

62~63쪽

1
$3×1=3$
$3×2=6$
$3×3=9$
$3×4=12$
$3×5=15$
$3×6=18$
$3×7=21$
$3×8=24$
$3×9=27$

2
$7×1=7$
$7×2=14$
$7×3=21$
$7×4=28$
$7×5=35$
$7×6=42$
$7×7=49$
$7×8=56$
$7×9=63$

3
$9×1=9$
$9×2=18$
$9×3=27$
$9×4=36$
$9×5=45$
$9×6=54$
$9×7=63$
$9×8=72$
$9×9=81$

몇의 몇 배　　8, 16, 20 / 20, 4, 5

덧셈식과 곱셈식　(덧셈식) $8+8+8=24$
　　　　　　　　(곱셈식) $8×3=24$

1 9+9+9+9는 9를 4번 더하는 것이지?
똑같은 수 9를 4번 더하는 것은 9의 4배와 같고,
9×4라고 쓸 수 있다는 것을 기억할 수 있을 거야.
그러므로 9+9+9+9=9×4라고 할 수 있어.
9×1=9, 9×2=18, 9×3=27이므로 9×4는
27에 9를 더하면 36이야.
즉, 9+9+9+9=9×4=36이야.

선생님 놀이

1 24, 36 / 해설 참조
2 © / 해설 참조

1 6의 단 곱셈구구에 나오는 수 중 5×4보다 큰 수는 24,
30, 36, 42, 48, 54가 있습니다. 이 중 4의 단 곱셈구
구에도 있는 것은 4×6=24, 4×9=36입니다.

2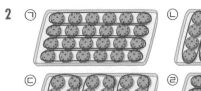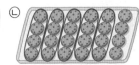

㉠ 가로로 6개씩 4번 묶을 수 있습니다.
㉡ 세로로 4개씩 5번 묶으면 4개가 남습니다.
㉢ 세로로 8개씩 3번 묶을 수 있습니다.
㉣ 가로로 3개씩 7번 묶으면 3개가 남습니다.

단원평가 기본   64~65쪽

1 6, 36
2 (1) (위에서부터) 8, 10, 6, 7
  (2) (위에서부터) 81, 72, 7, 6
3 14, 28, 35, 56에 ○표
4
5 30개
6 (1) 0 (2) 0 (3) 0
7 7, 7
8 (1) < (2) > (3) <
9 (위에서부터) 6, 10, 15, 21, 10, 15
10 (1) (위에서부터) 24, 21, 40, 63
   (2) (위에서부터) 8, 1, 2, 3 / 6, 7, 8, 9

5 5×6=30
8 (1) 8×2=16, 6×3=18 ⇨ 8×2 ⊘ 6×3
  (2) 1×1=1, 9×0=0 ⇨ 1×1 ⊘ 9×0
  (3) 5×4=20, 3×7=21 ⇨ 5×4 ⊘ 3×7

단원평가 심화   66~67쪽

1 48개
2 6, 54, 54, 0
3 32
4 (1) (위에서부터) 45, 7, 35, 36
  (2) (위에서부터) 3, 3, 4
5 25개
6 봄: (위에서부터) 8, 4, 24, 24, 8, 48
  겨울: (위에서부터) 7, 0, 35, 8, 9, 63
7 12
8 해설 참조

1 사각형은 변이 4개입니다. 사각형 7개의 변의 개수는
  4×7=28(개)입니다.
  오각형은 변이 5개입니다. 오각형 4개의 변의 개수는
  5×4=20(개)입니다.
  사각형 7개와 오각형 4개의 변의 개수는 28+20=48
  (개)입니다.

3 3×4=12입니다. 어떤 수에 4를 더하여 12가 되는 수
  는 8입니다. 그러므로 어떤 수는 8입니다.
  바르게 계산하면 8×4=32입니다.

5 ☆모양을 만들기 위해 필요한 성냥개비는 5개입니다.
  카시오페아 별자리를 만들려면 별을 5개 만들면 됩니다.
  그러므로 필요한 성냥 개비는 5×5=25(개)입니다.

7 각 물음에 알맞은 수를 써 가며 알아봅니다.
  ① 두 자리 수 중에서 찾습니다.
  ② 두 자리 수 중에서 4의 단 곱셈구구인 수는 12, 16,
    20, 24, 28, 32, 36입니다.
  ③ ②에 나온 수 중에서 3×8=24보다 작은 수는 12,
    16, 20입니다.
  ④ ③에 나온 수 중에서 2의 단 곱셈구구인 수는 12, 16
    입니다.
  ⑤ ④에 나온 수 중에서 6의 단 곱셈구구인 수는 12입니다.

8 예 – 2개씩 8묶음이므로 2×8=16(개)입니다.
  – 4개씩 4묶음이므로 4×4=16(개)입니다.
  – 8개씩 2묶음이므로 8×2=16(개)입니다.
  – 1개씩 세면 16이므로, 1×16=16(개)입니다.

3단원 길이 재기

기억하기
70~71쪽

1 (○)
(△)
( )

2 8

3 (1) 6 (2) 10

4 (1) 5 (2) 6

생각열기 ❶
72~73쪽

1 (1) ~ (3) 해설 참조

2 (1) 10 cm, 30 cm, 100 cm로 길이가 다릅니다.
(2) 해설 참조

3 (1), (2) 해설 참조

1 (1) ⑩ 10 cm 자를 이용하여 칠판의 길이를 잴 것입니다.
10 cm 자를 이용하면 클립보다 재는 횟수가 적습니다.

(2) ⑩ – 클립이 너무 짧아서 여러 번 재어야 하는 불편함이 있습니다.
– 물건의 길이가 자보다 길어서 길이를 한 번에 재기 어렵습니다.
– cm 단위로 재기에는 물건이 너무 깁니다.

(3) ⑩ 10 cm보다 더 긴 자가 있으면 좋을 것 같습니다.

2 (2) ⑩ – 100 cm 자를 선택합니다. 왜냐하면 10 cm, 30 cm 자는 여러 번 재어야 해서 불편할 것 같기 때문입니다.
– 10 cm 자를 선택합니다. 왜냐하면 주변에서 많이 볼 수 있고, 손에 잡기 편하기 때문입니다.

3 (1) ⑩ – 100 cm 자를 여러 번 사용하여 재었을 것입니다.
– 100 cm 자로 버스의 길이를 재면 12번 재어야 합니다.

(2) 1200 cm처럼 길이가 100 cm를 넘는 긴 길이를 잴 때는 수가 커서 재기 불편합니다.

개념활용 ❶-1
74~75쪽

1 (1) 120
(2) 20
(3) 20, 1 m 20 cm, 1미터 20센티미터

2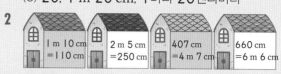
1 m 10 cm =110 cm | 2 m 5 cm =250 cm | 407 cm =4 m 7 cm | 660 cm =6 m 6 cm

3 (1) 160, 1, 60
(2) 205, 2, 5
(3) 216, 2, 16

2 2 m 5 cm=205 cm
660 cm=6 m 60 cm

개념활용 ❶-2
76~77쪽

1 (1) 160, 1, 60
(2) 220, 2, 20

2 ⑩

	어림한 길이	실제 길이
텔레비전	1 m 10 cm	1 m 24 cm
소파	1 m 80 cm	1 m 72 cm
현관문 높이	1 m 90 cm	2 m 3 cm

3 ⑩

길게 이은 물건들	어림한 길이	실제 길이
우산, 리코더, 책	1 m 70 cm	1 m 85 cm
바지, 수건, 젓가락	2 m 10 cm	2 m 36 cm

생각열기 ❷
78~79쪽

1 (1) ⑩ – 1모둠의 1등은 2번 친구입니다.
– 2모둠에서 가장 기록이 낮은 친구는 1번 친구입니다.
– 학급 전체에서 가장 기록이 좋은 친구는 3모둠 1번 친구입니다.

(2) 3모둠
(3) 해설 참조

2 (1) 네

(2) 두 선물을 포장하는 데 색 테이프 170 cm가 필요하기 때문입니다.

(3) 1 m 20 cm(=120 cm)

(4) 해설 참조

1 (3) 예 1모둠의 기록 중 90 cm 와 110 cm를 더하면 200 cm입니다. 그리고 남은 50 cm를 더하면 총 2 m 50 cm입니다.

2모둠의 기록 중 40 cm와 60 cm를 더하면 100 cm입니다. 그리고 남은 1 m를 더하면 총 2 m입니다.

3모둠의 기록 중 1 m 40 cm와 120 cm를 더하면 260 cm입니다. 그리고 남은 90 cm를 더하면 총 3 m 50 cm입니다. 따라서 3모둠의 기록이 가장 큽니다.

2 (4) 예 봄이가 가지고 있는 리본의 길이는

2 m 90 cm=290 cm입니다.

2가지 선물을 모두 포장하려면

100 cm+70 cm=170 cm가 필요합니다.

따라서 290 cm−170 cm=120 cm가 남습니다.

개념활용 ❷-1
80~81쪽

1 2, 40

2 [가로셈] 2, 40

[세로셈] 40 / 2, 40

3 1, 20

4 [가로셈] 1, 20

[세로셈] 20 / 1, 20

표현하기
82~83쪽

스스로 정리

1 m는 m끼리, cm는 cm끼리 더합니다.

$$\begin{array}{r} 2\ \text{m}\quad 30\ \text{cm} \\ +\ 4\ \text{m}\quad 45\ \text{cm} \\ \hline 6\ \text{m}\quad 75\ \text{cm} \end{array}$$

2 m는 m끼리, cm는 cm끼리 뺍니다.

$$\begin{array}{r} 7\ \text{m}\quad 85\ \text{cm} \\ -\ 3\ \text{m}\quad 40\ \text{cm} \\ \hline 4\ \text{m}\quad 45\ \text{cm} \end{array}$$

개념 연결

두 자리 수의 덧셈과 뺄셈	(1) 37 (2) 24
길이 재기	160

1 두 자리 수의 덧셈을 할 때는 십의 자리와 일의 자리를 맞춰서 세로로 쓴 다음 십의 자리는 십의 자리끼리, 일의 자리는 일의 자리끼리 더해. 이때 일의 자리의 합이 10을 넘을 때는 10을 십의 자리로 받아올림하여 더해 주면 되는 거야.

170 cm=1 m 70 cm이므로 170 cm와 2 m 40 cm의 합은 두 자리 수의 덧셈 방법과 마찬가지로 m는 m끼리, cm는 cm끼리 맞춰서 더해. 이때 cm의 합이 100을 넘을 때는 1 m를 m 단위로 받아올림해 주면 돼.

$$\begin{array}{r} 1\ \text{m}\quad 70\ \text{cm} \\ +\ 2\ \text{m}\quad 40\ \text{cm} \\ \hline 3\ \text{m}\quad 110\ \text{cm}\quad =4\ \text{m}\ 10\ \text{cm} \end{array}$$

선생님 놀이

1 65 cm / 해설 참조

2 1 m 15 cm 더 깁니다. / 해설 참조

1 줄자의 끝은 70 cm이지만 시작을 0 cm에서 하지 않고 5 cm에서 시작했기 때문에 피자의 길이는 70 cm에서 5 cm를 뺀 65 cm입니다.

2 아버지의 줄넘기가 내 줄넘기보다 얼마나 더 긴지 구하려면 두 줄넘기의 길이의 차를 구해야 합니다.

아버지의 줄넘기가 내 줄넘기보다 1 m 15 cm 더 깁니다.

$$\begin{array}{r} 2\ \text{m}\quad 74\ \text{cm} \\ -\ 1\ \text{m}\quad 59\ \text{cm} \\ \hline 1\ \text{m}\quad 15\ \text{cm} \end{array}$$

단원평가 기본
84~85쪽

1 (1) 100 (2) 10 (3) 100

2 6 미터 5 센티미터

3 (1) 9, 17 / 2, 2 / 4, 60

(2) 368, 805, 530

4 ㉣, ㉠, ㉢, ㉡

5 3 m

6 1, 43

7 120 cm

8 20 cm / 2 m / 5 m 10 cm

9 (위에서부터) 1, 27 / 4, 77

10 (위에서부터) 4, 10, 40 / 4, 10, 4, 40

11 (식) 475 cm−2 m 25 cm=2 m 50 cm
   (답) 2 m 50 cm

---

4 ㉠ 3 m 50 cm   ㉡ 3 m 5 cm
   ㉢ 3 m 45 cm   ㉣ 3 m 54 cm
   ⇨ ㉣>㉠>㉢>㉡

5 나무의 높이는 동생의 키의 약 **3**배입니다.
   1 m+1 m+1 m=3 m
   따라서 나무의 높이는 약 **3** m입니다.

11 475 cm−2 m 25 cm=4 m 75 cm−2 m 25 cm
                   =2 m 50 cm

단원평가 심화   86~87쪽

1 302 / 3, 2

2 215 cm

3 트롬본 / 기타

4 (1) m (2) m (3) cm (4) cm

5 11 m

6 2 m

7 (합) (위에서부터) 6, 5, 4 / 1, 2, 3 / 7, 77
   (차) (위에서부터) 6, 5, 4 / 1, 2, 3 / 5, 31

8 1 m 65 cm

---

5 2걸음이 1 m이면 22걸음은 1 m씩 11번이므로 약 11 m입니다.

6 옷장의 길이는 6뼘씩 2번이므로 2 m입니다.

7 가장 긴 길이는 6 m 54 cm, 가장 짧은 길이는 1 m 23 cm입니다. 각각의 합과 차를 구하면 7 m 77 cm, 5 m 31 cm입니다.

8 30 cm+30 cm+15 cm+15 cm+10 cm
   +10 cm+10 cm+10 cm+35 cm
   =165 cm
   =1 m 65 cm

4단원 **시각과 시간**

기억하기   90~91쪽

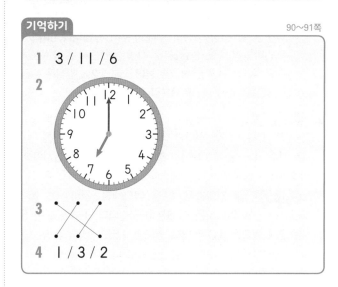

1 3 / 11 / 6

2

3

4 1 / 3 / 2

생각열기 ❶   92~93쪽

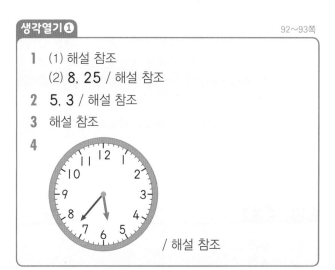

1 (1) 해설 참조
   (2) 8, 25 / 해설 참조

2 5, 3 / 해설 참조

3 해설 참조

4

   / 해설 참조

---

1 (1) (예) – 짧은바늘은 **8**에 있거나 **8**과 **9** 사이에 있고 긴바늘은 12, 6에 있습니다.
   – 첫 번째 시계는 **8**시, 두 번째 시계는 **8**시 **30**분입니다.
   – 8시에서 8시 30분이 될 때까지 긴바늘은 숫자 12에서 6까지 6칸을 움직였습니다.
   – 8시에서 8시 30분이 될 때까지 짧은바늘은 8에서 8과 9 사이로 움직였습니다.
   – 8시에서 8시 30분이 될 때까지 긴바늘이 숫자 눈금 6칸을 움직였으므로 숫자 눈금 한 칸은 5분일 것 같습니다.

   (2) (이유) 8시에서 8시 30분이 될 때까지 긴바늘이 숫자 눈금 6칸을 움직이므로 숫자 눈금 한 칸은 5분일 것 입니다. 긴바늘이 5에 있으므로 25분이고, 짧은바늘이 8과 9 사이에 있으므로 8시입니다.

2 〔이유〕 긴바늘이 숫자 눈금 한 칸을 이동하는 데 **5**분이 걸리는데, 숫자 눈금 한 칸은 작은 눈금 **5**칸으로 나뉘어 있습니다. 즉, 시계의 긴바늘이 숫자가 없는 작은 눈금 한 칸을 이동하는 데 **1**분이 걸립니다. 따라서 긴바늘이 작은 눈금을 몇 칸 이동했는지 알면 '분'을 알 수 있습니다. (예 긴바늘이 숫자 **12**에서 작은 눈금 **3**칸을 이동했으므로 **3**분입니다.)

3 〔'시'를 읽는 방법〕 짧은바늘은 '시'를 나타냅니다. 짧은바늘이 숫자와 숫자 사이에 있다면 더 작은 수 또는 앞의 수를 '시'로 읽습니다. (예 짧은바늘이 **8**과 **9** 사이에 있다면 **8**시이고, **12**와 **1** 사이에 있다면 **12**시입니다.)

〔'분'을 읽는 방법〕 긴바늘은 '분'을 나타내고, 긴바늘이 숫자 눈금 한 칸을 이동하는 데 **5**분이 걸립니다. **1**에 있으면 **5**분, **2**에 있으면 **10**분, **3**에 있으면 **15**분…입니다. 또, 숫자 눈금 한 칸은 작은 눈금 **5**칸으로 나뉘어 있습니다. 즉, 시계의 긴바늘이 작은 눈금 한 칸을 이동하는 데 **1**분이 걸립니다. 따라서 긴바늘이 작은 눈금을 몇 칸 이동했는지 알면 '분'을 알 수 있습니다.

4 〔방법〕 작은 눈금 한 칸은 **1**분이므로 분을 나타내는 긴바늘은 숫자 눈금 **7**에서 작은 눈금 **2**칸을 더 가도록 그립니다. **6**이 **30**분, **7**은 **35**분, **8**은 **40**분입니다. 따라서 **37**분은 **35**분인 **7**에서 작은 눈금 **2**칸을 더 이동하면 됩니다.

개념활용 ❶-1
94~95쪽

1 (1) **8** / **8**. **30**
  (2) **6**칸
  (3) **5**분
  (4) (시계 방향으로) **10**. **15**. **25**. **35**. **40**. **50**. **55**
2 (위에서부터) **8**. **9**. **2**. **8**. **10**
3 **3**. **35** / **4**. **5** / **5**. **15**

개념활용 ❶-2
96~97쪽

1 (1) **5**칸
  (2) **1**분
  (3) **5**. **3**

---

(4)

2 (위에서부터) **4**. **50**. **10**. **10**
3 ㉣. ㉠. ㉢
4 **10**. **45** / **11**. **15**

생각열기 ❷
98~99쪽

집에 도착한 시각	숙제를 시작할 때의 시각	숙제를 끝낸 시각
4시	**5**시	**5**시 **30**분

2 예

같은 점	시계의 긴바늘이 모두 **12**에 있습니다.
다른 점	시계의 짧은바늘의 위치가 **4**와 **5**로 다릅니다.

3 〔방법1〕 **1** / 해설 참조
  〔방법2〕 **60** / 해설 참조
4 〔방법1〕 **1**. **30** / 해설 참조
  〔방법2〕 **90** / 해설 참조
5 해설 참조

3 〔방법1〕 예 집에 도착한 시각은 **4**시이고 숙제를 시작한 시각은 **5**시입니다. 따라서 걸린 시간은 **1**시간입니다.
  〔방법2〕 예 집에 도착한 시각은 **4**시이고 숙제를 시작한 시각은 **5**시입니다. **4**시에서 **5**시까지 숫자 눈금은 **12**칸입니다. 숫자 눈금 한 칸은 **5**분이므로 **12**칸은 **60**분입니다. 따라서 걸린 시간은 **60**분입니다.

4 〔방법1〕 예 집에 도착한 시각은 **4**시이고 숙제를 끝낸 시각은 **5**시 **30**분입니다. 시계의 짧은바늘이 **4**시에서 **5**시로 이동했으므로 **1**시간이고, **5**시에서 긴바늘이 **30**분을 더 갔으므로 걸린 시간은 **1**시간 **30**분입니다.
  〔방법2〕 예 – 집에 도착한 시각은 **4**시이고 숙제를 끝낸 시각은 **5**시 **30**분이므로 걸린 시간은 **1**시간 **30**분입니다. **1**시간은 **60**분입니다. 따라서 **1**시간 **30**분은 **90**분이 됩니다.

– 4시에서 5시까지 숫자 눈금은 12칸입니다.
숫자 눈금 한 칸은 5분이므로 12칸은 60분
입니다. 그런데 5시 30분으로 30분이 더 걸
렸으므로 60분+30분=90분입니다.

5 (예) 시계의 긴바늘이 한 바퀴 도는 데 걸리는 시간은 1시간
입니다. 1시간 동안 긴바늘은 숫자 눈금 12칸을 이동
하고 숫자 눈금 한 칸은 5분이므로 12칸은 60분입니
다. 따라서 1시간은 60분입니다.

개념활용 ❷-1
100~101쪽

1 (1) 3에서 4로 숫자 눈금 한 칸만큼 이동합니다.
   (2) 60칸
   (3) 60분 또는 1시간

2 (1) | 10시 10분 20분 30분 40분 50분 11시 10분 20분 30분 40분 50분 12시 |
   / 80, 1, 20

   (2) | 1시 10분 20분 30분 40분 50분 2시 10분 20분 30분 40분 50분 3시 |
   / 70, 1, 10

   (3) 90, 1, 30
   (4) 4, 20

2 (4) 2시 40분 $\xrightarrow{20분}$ 3시 $\xrightarrow{1시간}$ 4시 $\xrightarrow{20분}$ 4시 20분

생각열기 ❸
102~103쪽

1

	꿈나라	식사	숙제, 독서	운동	놀이	가족과 장보기
2						
	10시간	3시간	5시간	1시간	3시간	2시간

3~6 해설 참조

3 – 일과표를 보면 1부터 12까지가 2번 있습니다. 따라서
12+12=24, 하루는 24시간입니다.
   – 문제 2에서 나온 시간을 더하면 10+3+5+1+3+2=24
입니다. 따라서 하루는 24시간입니다.

4 (예) – 봄이는 아침 9시, 여름이는 밤 9시를 말했기 때문
입니다.
   – 시계에는 1~12시까지밖에 없지만 하루는 24시간
입니다. 따라서 하루에는 1시, 2시…가 2번씩 있습
니다. 봄이와 여름이는 서로 다른 9시를 말했습니다.

5 (예) – 하루를 오전과 오후로 나누어 오전 9시, 오후 9시와
같이 이야기합니다.
   – 시간 앞에 아침, 점심, 저녁 또는 낮과 밤을 붙여서 아
침 9시, 밤 9시와 같이 이야기합니다.
   – 하루를 24시간으로 표시해서 아침 9시는 9시로, 밤
9시는 21시로 이야기합니다.

6 (예) – 일과표도 12에서 시작하고, 시계도 12에서 시작합
니다. 따라서 전날 밤 12시부터 낮 12시까지를 오
전, 낮 12시부터 밤 12시까지를 오후로 나눌 수 있
습니다.
   – 밤 12시가 지나면 다음 날이 됩니다. 따라서 12시
를 기준으로 오전과 오후로 나누면 됩니다.

개념활용 ❸-1
104~105쪽

1	아침 식사	수영	점심 식사	할머니 댁 방문
	1시간	3시간	1시간	5시간
	저녁 식사	동생과 놀기	독서, 일기 쓰기	꿈나라
	1시간	1시간	2시간	10시간

2 24시간

3 해설 참조

4
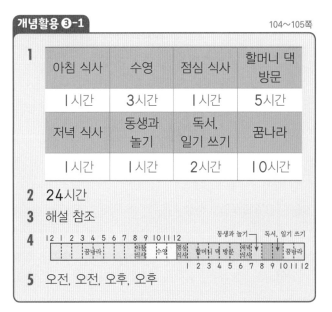

5 오전, 오전, 오후, 오후

3 ㉠ – 밤 **12**시에서 낮 **12**시까지를 오전, 낮 **12**시에서 밤 **12**시까지를 오후로 나눌 수 있습니다.
ᅳ 해가 뜨는 시각을 기준으로 낮과 밤으로 나눌 수 있습니다.

106~107쪽

생각열기 ④

1

			11월			
일	월	화	수	목	금	토
		1	2	3	4	5
6	7	8	9	10	11	12
13	14	15	16	17	18	19
20	21	22	23	24	25	26
27	28	29	30			

2 화요일, 수요일 / 해설 참조

3

1주일	ᅳ 1주일은 7일입니다. ᅳ 1주일에는 일요일, 월요일, 화요일, 수요일, 목요일, 금요일, 토요일이 있습니다.
각각의 달	ᅳ 각 달의 날짜가 다릅니다. ᅳ 1월, 3월, 5월, 7월, 8월, 10월, 12월은 31일까지 있습니다. ᅳ 4월, 6월, 9월, 11월은 30일까지 있습니다. ᅳ 2월은 28일까지 있습니다.
1년	ᅳ 1년은 12개월입니다. ᅳ 1월부터 12월까지 있습니다. ᅳ 1년은 365일입니다. 각 달의 날짜를 모두 더하면 알 수 있습니다.
그 밖에 찾은 사실	ᅳ 달력에서 날짜는 세로로 7씩 커집니다. ᅳ 달력에서 날짜는 오른쪽으로 갈수록 1씩 커집니다.

4 9일 / 해설 참조

5 10월 19일 / 해설 참조

2 11월이 시작하는 요일은 화요일이고 끝나는 요일은 수요일입니다. 왜냐하면 10월이 월요일에서 끝났고, 12월이 목요일에서 시작하기 때문입니다.

4 ㉠ – 11월에 화요일과 토요일이 9번 있기 때문입니다.
ᅳ 11월의 화요일과 토요일은 1일, 5일, 8일, 12일, 15일, 19일, 22일, 26일, 29일입니다.

5 ㉠ – 10월 5일에서 2주일 후면 아래로 2줄 내려오면 됩니다.
ᅳ 1주일은 7일입니다. 2주일은 14일이기 때문에 10월 5일에서 14일 후는 10월 19일입니다.

개념활용 ④-1

108~109쪽

1 (1) 12
(2) 해설 참조

2 (1) 11. 30
(2) 일요일, 월요일, 화요일, 수요일, 목요일, 금요일, 토요일
(3) 7. 7
(4) 9일, 23일
(5) 11월 13일
(6)

			11월				/ 9일
일	월	화	수	목	금	토	
		①	2	3	4	⑤	
6	7	⑧	9	10	11	⑫	
13	14	⑮	16	17	18	⑲	
20	21	㉒	23	24	25	㉖	
27	28	㉙	30				

1 (2)

월	1	2	3	4	5	6	7	8	9	10	11	12
날수 (일)	31	28	31	30	31	30	31	31	30	31	30	31

표현하기

110~111쪽

스스로 정리

(위에서부터) 6, 50 / 7, 10 / 1 / 14 / 29 / 14

개념 연결

시곗바늘의 움직임	1, 12
5의 단 곱셈구구	5×1=5, 5×2=10, 5×3=15, 5×4=20, 5×5=25, 5×6=30, 5×7=35, 5×8=40, 5×9=45

1 ⃞ **예** 긴바늘이 숫자 눈금 한 칸을 움직이는 데 걸리는 시간은 5분이야. 그리고 5×5=25이므로 4시 25분에는 긴바늘이 숫자 5를 가리켜야 돼.

그리고 짧은바늘은 4시에 4를 가리키지만 25분 동안 움직여야 하니까 4와 5 사이의 절반 약간 못되는 지점을 가리키면 돼.

선생님 놀이

1 12시 4분 / 해설 참조
2 오후 2시 5분 / 해설 참조

---

1 긴바늘이 작은 눈금 한 칸을 움직이는 데 걸리는 시간은 1분입니다. 그러므로 긴바늘이 숫자 1에서 1칸을 덜 간 곳을 가리키면 작은 눈금 4칸을 움직인 것이므로 4분입니다. 짧은바늘이 12와 1 사이에 있으므로 구하는 시각은 12시 4분입니다.

2 시계를 보면 긴바늘이 9를 가리키므로 45분이고, 짧은바늘이 11과 12 사이에 있으므로 발표회를 시작한 시각은 11시 45분입니다. 발표회를 2시간 20분 동안 하므로 오전 11시 45분에서 2시간 20분이 지난 시각을 찾습니다.

오전 11시 45분	→15분→	낮 12시	→2시간→	오후 2시	→5분→	오후 2시 5분

따라서 발표회가 끝나는 시각은 오후 2시 5분입니다.

단원평가 기본   112~113쪽

1 (1) 2, 35 (2) 5, 12
2 (해설 참조)
3
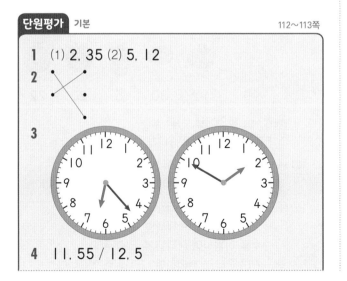
4 11, 55 / 12, 5

---

5 (1) 60 (2) 1, 30 (3) 2 (4) 130
6 1, 20, 80
7 (1) 7 (2) 24 (3) 오후
8 5시 35분
9 (1) 오전에 ○표
  (2) 오후에 ○표
10 1시간 30분(=90분)

단원평가 심화   114~115쪽

1
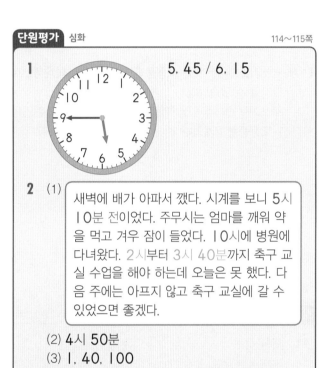
5, 45 / 6, 15

2 (1)
새벽에 배가 아파서 깼다. 시계를 보니 5시 10분 전이었다. 주무시는 엄마를 깨워 약을 먹고 겨우 잠이 들었다. 10시에 병원에 다녀왔다. 2시부터 3시 40분까지 축구 교실 수업을 해야 하는데 오늘은 못 했다. 다음 주에는 아프지 않고 축구 교실에 갈 수 있었으면 좋겠다.

 (2) 4시 50분
 (3) 1, 40, 100
3 (1), (2) 해설 참조
4 (1) 10월 31일 / 11월 14일
 (2) 금요일

---

3 (1) **예** 짧은바늘이 10에 가까이 있지만 아직 10에 가지 않았기 때문에 10시가 아니라 9시입니다. 긴바늘이 11에 있으면 11분이 아니고 55분입니다. 따라서 9시 55분 또는 10시 5분 전이라고 읽습니다.

 (2) **예** 9시 35분은 9시에서 35분이 더 흐른 시각입니다. 긴바늘이 12에서 7까지 움직일 동안 짧은바늘도 9에서 10으로 조금씩 움직입니다. 따라서 9시 35분은 짧은바늘을 9와 10 사이에, 긴바늘을 숫자 7에 그려야 합니다.

기억하기   118~119쪽

1 색깔

2

구멍 2개	구멍 4개
©, ©	⊙, ©, ©

주황	파랑	연두
©, ©	⊙, ©	©

3

날씨	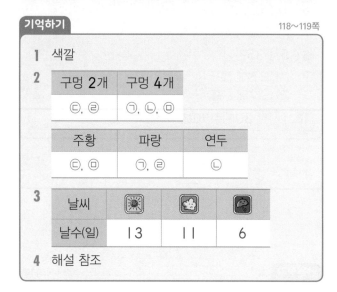		
날수(일)	13	11	6

4 해설 참조

4 예 – 쓰기를 할 수 있는 학용품과 그렇지 않은 학용품으로
  나눌 수 있습니다.
  – 쓰기를 할 수 있는 학용품은 4개이고, 그렇지 않은
  학용품은 2개입니다.

생각열기 ❶   120~121쪽

1 해설 참조
2 해설 참조 / 예 4개
3 문제 1의 답 중 쓰지 않은 것을 씁니다.

1~2 예 – 친구들이 축구와 피구를 하거나 구경하고 있습니
  다.
  – 어린이는 모두 30명입니다. (○)
  – 하늘색 옷을 6명이, 노란색 옷을 8명이, 분홍색
  옷을 7명이, 주황색 옷을 5명이, 빨간색 옷을 4명
  이 입고 있습니다. (○)
  – 축구공이 1개, 피구공이 1개 있습니다.
  – 모래판, 철봉, 구령대, 화단이 있습니다.
  – 모자를 쓰고 있는 학생은 8명입니다. (○)
  – 앉아 있는 학생은 6명이고, 앉아 있지 않은 학생
  은 24명입니다. (○)

개념활용 ❶-1   122~123쪽

1 (1) 5 (2) 8
2

| 4 | 8 | 6 | 7 | 5 |

3 30명
4 방법1 그림에서 학생을 모두 세어 봅니다.
  방법2 문제 2에서 쓴 수를 모두 더합니다.

생각열기 ❷   124~125쪽

1 해설 참조
2 (1) 예

과일 가게 과일의 종류와 수

종류	감	귤	파인 애플	사과	배
수(개)	12	30	5	23	22

(2), (3) 해설 참조

1 예 – 감은 12개, 귤은 30개, 파인애플은 5개, 사과는 23
  개, 배는 22개입니다.
  – 과일은 모두 92개입니다.
  – 과일의 종류는 5가지입니다.

2 (1) 예 감: 12개, 귤: 30개, 파인애플 : 5개,
  사과: 23개, 배: 22개
  과일: 92개

예

종류	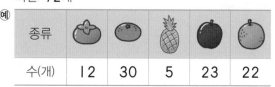				
수(개)	12	30	5	23	22

예 감, 귤, 파인애플, 사과, 배
  5종류의 과일이 있습니다.

(2) 예 – 과일의 수 또는 종류를 알 수 있습니다.
  – 과일의 수를 표로 나타내어 정리할 수 있습니다.

(3) 예 – 표를 이용하여 나타낼 수 있습니다.
  – 그림을 이용하여 나타낼 수 있습니다.
  – 수를 이용하여 나타낼 수 있습니다.
  – 간단한 글로 정리하여 나타낼 수 있습니다.

1 (1)

장소	눈썰매장	영화관	실내놀이터	스케이트장	박물관	합계
학생 수 (명)	5	6	5	3	1	20

(2) 영화관

(3) – 분류한 결과를 한눈에 보기가 쉽습니다.
  – 사람 수를 쉽게 알 수 있습니다.

2 (1)

눈의 수	1개	2개	합계
카드 수(장)	5	5	10

(2)

눈의 수와 색깔	눈이 하나인 빨간색 인형	눈이 둘인 빨간색 인형	눈이 하나인 파란색 인형	눈이 둘인 파란색 인형	합계
카드 수(장)	3	2	2	3	10

(3) 해설 참조

2 (3) 예

인형의 모양별 카드 수			

모양	동그란 모양	네모난 모양	합계
카드 수(장)	6	4	10

인형의 다리의 수별 카드 수			

다리의 수	2개	4개	합계
카드 수(장)	5	5	10

인형의 색깔별 카드 수			

색깔	빨간색	파란색	합계
카드 수(장)	5	5	10

1 (1)~(4) 해설 참조

1 (1) 예 치킨: 여름, 도영, 민준, 지인, 세진, 보희, 상혁, 혜성 **8**명
떡꼬치: 도윤, 윤찬, 채민, 현재, 현수 **5**명
아이스크림: 지민, 연우, 태희, 소민 **4**명
피자: 윤서, 예서, 대겸, 은서, 호정 **5**명
도넛: 재원, 지호, 예진 **3**명

예 치킨 ○○○○○○○○
떡꼬치 ○○○○○
아이스크림 ○○○○
피자 ○○○○○
도넛 ○○○

예

좋아하는 간식별 학생 수

간식	치킨	떡꼬치	아이스크림	피자	도넛	합계
학생 수(명)	8	5	4	5	3	25

(2) 예

좋아하는 간식별 학생 수

학생 수 (명)	치킨	떡꼬치	아이스크림	피자	도넛
8	○				
7	○				
6	○				
5	○	○		○	
4	○	○	○	○	
3	○	○	○	○	○
2	○	○	○	○	○
1	○	○	○	○	○

(3) 예

같은 점	– 좋아하는 간식끼리 모아 놓았습니다. – 자료를 정리한 것입니다. – 간식의 종류와 수는 같습니다.
다른 점	– 이름을 쓴 방법은 누가 어떤 간식을 좋아하는지 알 수 있습니다. – 표는 좋아하는 간식에 대한 사람 수를 쉽게 알 수 있습니다. – 그래프는 학생들이 어떤 간식을 좋아하는지 한눈에 비교할 수 있어서 편리합니다.

(4) 예

이름을 정리하는 방법	이름을 쓴 방법은 누가 어떤 간식을 좋아하는지 알 수 있습니다.

예

표로 나타내는 방법	– 수를 쉽게 알아볼 수 있습니다. – 표는 좋아하는 간식에 대한 사람 수를 쉽게 알 수 있습니다.

예

간식 이름에 ○를 그리는 방법	– 글씨를 쓰지 않아서 좋습니다. – 그래프와 차이가 별로 없습니다. – 칸을 그리지 않아도 됩니다.

예

그래프로 나타내는 방법	– 학생들이 가장 좋아하는 것을 한눈에 알아볼 수 있습니다. – 비교하기가 편리합니다.

(6) 예

좋아하는 운동 경기별 학생 수

운동 경기	태권도	야구	축구	농구	달리기	합계
학생 수 (명)	7	4	7	3	4	25

1 (1)

좋아하는 운동 경기별 학생 수

7	○		○		
6	○		○		
5	○		○		
4	○	○	○		○
3	○	○	○	○	○
2	○	○	○	○	○
1	○	○	○	○	○
학생 수 (명) / 운동 경기	태권도	야구	축구	농구	달리기

개념활용 ❸-1   130~131쪽

1 (1) 해설 참조
  (2) 예 – 겨울이네 반 학생들이 좋아하는 운동 경기
     – 겨울이네 반 학생들이 좋아하는 운동 경기별 학생 수
  (3) 운동 경기
  (4) 운동 경기별 좋아하는 학생 수
  (5) 예 – 겨울이네 반 학생들이 가장 좋아하는 운동 경기는 축구와 태권도입니다.
     – 겨울이네 반 학생들이 좋아하는 운동 경기는 태권도, 야구, 축구, 달리기, 농구입니다.

개념활용 ❸-2   132~133쪽

1 (1) ~ (3) 해설 참조
  (4) 표 – 자료의 수를 알아보기가 편리합니다. 표 안에 쓰여 있기 때문입니다.
     – 전체의 수, 합계를 알기가 쉽습니다.
    그래프 – 조사한 내용을 한눈에 비교할 수 있습니다.
     – 가장 많은 것과 가장 적은 것을 한눈에 알아보기가 편리합니다.

1 (1) 예 – 시장의 생선 가게에서 파는 생선의 종류와 수
　　　　– 시장의 과일 가게에서 파는 과일의 종류와 수
　　　　– 시장에 있는 사람의 수
　　　　– 첫째 생선 가게와 둘째 생선 가게의 생선 수
　　　　– 첫째 과일 가게와 둘째 과일 가게의 과일 수

(2) 예 – 시장의 생선 가게에서 파는 생선의 종류와 수
　　　　– 시장의 과일 가게에서 파는 과일의 종류와 수
　　　　– 시장에서 하는 일에 따른 사람의 수
　　　　– 첫째 생선 가게와 둘째 생선 가게의 생선 수
　　　　– 첫째 과일 가게와 둘째 과일 가게의 과일 수

(3) 예

시장의 생선 가게에서 파는 생선 수

생선	갈치	오징어	꽃게	고등어	합계
생선 수 (마리)	6	7	9	8	30

시장의 생선 가게에서 파는 생선 수

	갈치	오징어	꽃게	고등어
9			○	
8			○	○
7		○	○	○
6	○	○	○	○
5	○	○	○	○
4	○	○	○	○
3	○	○	○	○
2	○	○	○	○
1	○	○	○	○
생선 수 (마리) / 생선	갈치	오징어	꽃게	고등어

예

시장의 과일 가게에서 파는 과일 수

과일	바나나	사과	배	감	합계
과일 수 (개)	5	8	9	8	30

시장의 과일 가게에서 파는 과일 수

	바나나	사과	배	감
9			○	
8		○	○	○
7		○	○	○
6		○	○	○
5	○	○	○	○
4	○	○	○	○
3	○	○	○	○
2	○	○	○	○
1	○	○	○	○
과일 수 (개) / 과일	바나나	사과	배	감

예

시장에서 하는 일에 따른 사람 수

하는 일	장사하는 사람	장 보는 사람	합계
사람 수 (명)	4	7	11

시장에서 하는 일에 따른 사람 수

	장사하는 사람	장 보는 사람
9		
8		
7		○
6		○
5		○
4	○	○
3	○	○
2	○	○
1	○	○
사람 수 (명) / 하는 일	장사하는 사람	장 보는 사람

스스로 정리

색깔	초록	파랑	노랑	빨강	합계
학생 수(명)	3	3	2	1	9

개념 연결

모양 분류하기

(1)

모양	세모 모양	네모 모양	동그라미 모양	계
개수(개)	4	3	3	10

(2)

색깔	빨간색	파란색	노란색	계
개수(개)	2	5	3	10

1 예

좋아하는 간식별 학생 수

학생 수(명) \ 간식	과자	떡볶이	치킨	피자
4		○		○
3	○	○		○
2	○	○	○	○
1	○	○	○	○

먼저 가로와 세로에 어떤 것을 나타낼지 정해야 해. 가로에 간식, 세로에 학생 수를 나타낼거야. 그다음 가로와 세로를 각각 몇 칸으로 나눌지를 생각하고, 수를 그래프에 ○로 나타내면 완성이야. 그래프에 제목 쓰는 것도 잊으면 안 돼.

선생님 놀이

1 장미 / 해설 참조

2 예 표로 나타내면 분류한 각각에 대한 수를 쉽게 알아볼 수 있습니다.
그래프로 나타내면 한눈에 비교할 수 있어서 편리합니다.

1 예 장미와 튤립, 민들레를 좋아하는 학생 수를 더하면 15명인데 합계가 22명이므로 진달래와 해바라기를 좋아하는 학생 수의 합은 22−15=7(명)입니다.
진달래나 해바라기를 좋아하는 학생 수가 최대 7명이므로 가장 많은 학생이 좋아하는 꽃은 장미입니다.

1 예 탁자 위에 있는 과일의 종류와 수, 접시 위에 있는 과일의 종류와 수, 탁자 아래에 있는 과일의 종류와 수

2

필통 속 물건	연필	색연필	지우개
개수(개)	3	2	1

3

한 일	잠자기	그리기	미술관 관람	독서	식사
시간(시간)	10	3	5	3	3

4 잠자기

5 24시간

6

책 수(권) \ 책의 종류	동화책	위인전	만화책	잡지책
10	○			
9	○			
8	○	○		
7	○	○		
6	○	○		
5	○	○		○
4	○	○		○
3	○	○	○	○
2	○	○	○	○
1	○	○	○	○

7 26권

8

모둠 이름	친절	용기	배려	꿈
학생 수(명)	4	3	5	4

학생 수(명) \ 모둠 이름	친절	용기	배려	꿈
5			/	
4	/		/	/
3	/	/	/	/
2	/	/	/	/
1	/	/	/	/

9

계절	봄	여름	가을	겨울	합계
학생 수(명)	4	6	3	1	14

1

나	– 나의 책꽂이에 꽂혀 있는 책의 종류 – 내 필통에 들어 있는 물건
가족	– 우리 가족들이 하루 동안 잠잔 시간 – 우리 가족이 일주일 동안 읽은 책의 수
우리 반 친구	– 우리 반 친구들의 장래 희망 – 우리 반 친구들이 좋아하는 계절

2 ㉠

이유 나보다 키가 큰 사람과 키가 크지 않은 사람은 나를 기준으로 분류할 수 있습니다.
㉡ 예쁘다는 기준이 사람마다 다르기 때문에 분류할 수 없습니다.
㉢ 우리 반 학생 수를 세어 볼 수 있지만 분류할 수 없습니다.

3 예 집, 도서관, 학교

이유 봄이가 하루 동안에 갈 만한 곳이 학교, 도서관, 집이고, 학교에서 가장 많은 시간을 공부했을 것이라고 생각해서 학교, 도서관, 집의 순서로 적었습니다.

4 (1)

책의 종류	동화책	역사책	과학책	위인전	동시집	합계
학생 수(명)	7	5	6	4	2	24

(2) 예

준희네 반 학생들이 좋아하는 책별 학생 수

학생 수 (명)	동화책	역사책	과학책	위인전	동시집
8					
7	/				
6	/		/		
5	/	/	/		
4	/	/	/	/	
3	/	/	/	/	
2	/	/	/	/	/
1	/	/	/	/	/

(3) 해설 참조

4 (3) 예 – 준희네 반 학생은 책을 동화책, 과학책, 역사책, 위인전, 동시집의 순서로 좋아합니다.
– 준희네 반 학생 중 가장 많은 학생이 좋아하는 책은 동화책입니다.
– 준희네 반 학생 중 가장 적은 학생이 좋아하는 책은 동시집입니다.

기억하기 142~143쪽

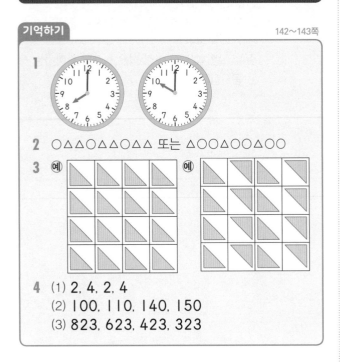

1

2 ○△△○△△△○△△ 또는 △○○△○○△○○

3 예 예

4 (1) 2, 4, 2, 4
  (2) 100, 110, 140, 150
  (3) 823, 623, 423, 323

1 2시, 4시, 6시로 2시간씩 지난 시각입니다. 따라서 다음 시각은 8시, 10시입니다.

2 닭-병아리-병아리가 반복되는 규칙이 있습니다. 닭을 ○로 나타내고, 병아리를 △로 나타내면 ○△△가 규칙이 됩니다. 닭을 △로 나타내고, 병아리를 ○로 나타내면 △○○가 규칙이 됩니다.

4 (1) 2와 4가 반복되고 있습니다.
  (2) 10씩 커지고 있습니다.
  (3) 100씩 줄어들고 있습니다.

생각열기 ❶ 144~145쪽

1 (1) 예 – 파랑, 빨강이 반복됩니다.
     – ○□△가 반복됩니다.
     – ＼ 방향으로 ○△□가 반복됩니다.
     – ／ 방향으로 같은 모양입니다.
     – ＼ 방향과 ／ 방향으로 같은 색입니다.
  (2) 예 – ○□△가 반복됩니다.
     – ＼ 방향으로 ○△□가 반복됩니다.
     – ／ 방향으로 같은 모양입니다.
  (3) 예 – 파랑, 빨강이 반복됩니다.
     – ＼ 방향과 ／ 방향으로 같은 색입니다.

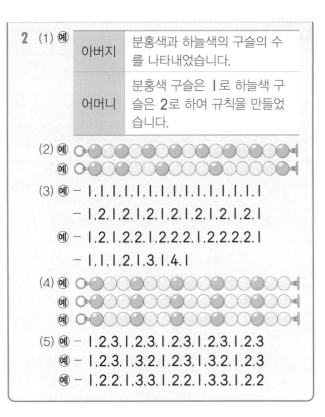

2 (1) 예

아버지	분홍색과 하늘색의 구슬의 수를 나타내었습니다.
어머니	분홍색 구슬은 1로 하늘색 구슬은 2로 하여 규칙을 만들었습니다.

(2) 예
   예

(3) 예 – 1, 1, 1, 1, 1, 1, 1, 1, 1, 1, 1, 1, 1, 1, 1
   – 1, 2, 1, 2, 1, 2, 1, 2, 1, 2, 1, 2, 1, 2, 1
   예 – 1, 2, 1, 2, 2, 1, 2, 2, 2, 1, 2, 2, 2, 2, 1
   – 1, 1, 1, 2, 1, 3, 1, 4, 1

(4) 예
   예
   예

(5) 예 – 1, 2, 3, 1, 2, 3, 1, 2, 3, 1, 2, 3, 1, 2, 3
   예 – 1, 2, 3, 1, 3, 2, 1, 2, 3, 1, 3, 2, 1, 2, 3
   예 – 1, 2, 2, 1, 3, 3, 1, 2, 2, 1, 3, 3, 1, 2, 2

2 (3), (5) 구슬의 색깔에 따라 숫자를 붙이는 방법, 구슬의 개수에 따라 숫자를 붙이는 방법 등이 있습니다.

개념활용 ❶-1 146~147쪽

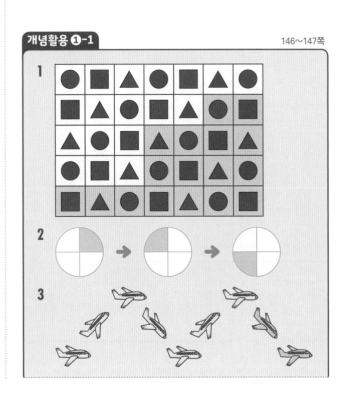

1
2
3

4							
	1	2	3	1	2	3	1
	2	3	1	2	3	1	2
	3	1	2	3	1	2	3
	1	2	3	1	2	3	1
	2	3	1	2	3	1	2

5							
	1	2	1	2	1	2	1
	2	1	2	1	2	1	2
	1	2	1	2	1	2	1
	2	1	2	1	2	1	2
	1	2	1	2	1	2	1

1 ○□△의 순서로 반복되고, 빨강, 파랑의 순서로 반복되고 있습니다.

2 도형이 시계 반대 방향으로 돌아가며 색칠되어 있습니다.

3 비행기가 낮은 높이에서 높은 높이로 올라갔다가 내려가는 규칙이 있습니다.

4 ○는 1. □는 2. △는 3으로 나타내면 1. 2. 3이 반복됩니다.

5 주황색은 1, 하늘색은 2로 나타내면 1, 2가 반복됩니다.

생각열기❷ 148~149쪽

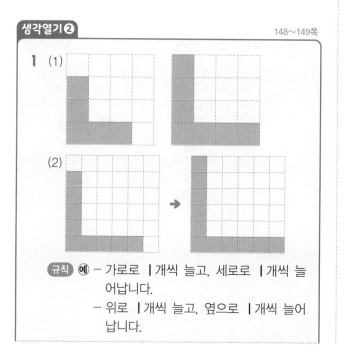

1 (1)

(2)

규칙 예 – 가로로 1개씩 늘고, 세로로 1개씩 늘어납니다.
– 위로 1개씩 늘고, 옆으로 1개씩 늘어납니다.

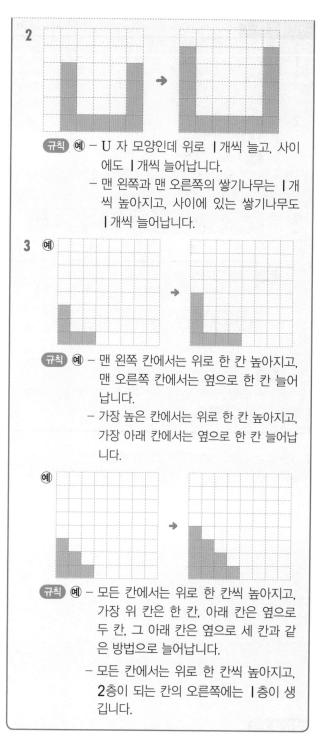

2

규칙 예 – U 자 모양인데 위로 1개씩 늘고, 사이에도 1개씩 늘어납니다.
– 맨 왼쪽과 맨 오른쪽의 쌓기나무는 1개씩 높아지고, 사이에 있는 쌓기나무도 1개씩 늘어납니다.

3 예

규칙 예 – 맨 왼쪽 칸에서는 위로 한 칸 높아지고, 맨 오른쪽 칸에서는 옆으로 한 칸 늘어납니다.
– 가장 높은 칸에서는 위로 한 칸 높아지고, 가장 아래 칸에서는 옆으로 한 칸 늘어납니다.

예

규칙 예 – 모든 칸에서는 위로 한 칸씩 높아지고, 가장 위 칸은 한 칸, 아래 칸은 옆으로 두 칸, 그 아래 칸은 옆으로 세 칸과 같은 방법으로 늘어납니다.
– 모든 칸에서는 위로 한 칸씩 높아지고, 2층이 되는 칸의 오른쪽에는 1층이 생깁니다.

1 (1) 앞에서 본 모습을 모눈종이에 나타냅니다.
(2) 위로 1개씩, 옆으로 1개씩 늘어납니다.

개념활용 ②-1

1 (1) 2개
　(2) 9개
　(3) 2

2 (1) 3개
　(2) 15개
　(3) **규칙** 개수: 3개씩 늘어납니다.
　　　모양: 처음과 같은 모양이 반복적으로 늘
　　　어납니다.

3 (1)

1단계	2단계	3단계	4단계	5단계
5	8	11	14	17

　규칙 개수: 3개씩 늘어납니다.
　　　모양: 옆으로, 위로 각각 1개씩 늘어납니다.

　(2)

1단계	2단계	3단계	4단계	5단계
1	5	9	13	17

　규칙 개수: 4개씩 늘어납니다.
　　　모양: 위쪽, 앞쪽, 오른쪽, 왼쪽으로 1개씩 늘
　　　어납니다.

1 (3) 위로 1개씩, 옆으로 1개씩 늘어납니다.

생각열기 ③

1 (1) 해설 참조
　(2) **예** － 10은 1과 9, 2와 8, 3과 7, 4와 6, 5
　　　와 5, 6과 4, 7과 3, 8과 2, 9와 1이
　　　만나는 곳에 놓을 수 있습니다.
　　　－ 14는 5와 9, 6과 8, 7과 7, 8과 6, 9
　　　와 5가 만나는 곳에 놓을 수 있습니다.

2 (1), (2) 해설 참조
　(3) (위에서부터) 2, 4, 2, 1

---

1 (1)

+	0	1	2	3	4	5	6	7	8	9
0										
1			2							10
2									10	
3								10		
4				7			10			
5						10				14
6					10				14	
7				10				14		
8			10				14			
9		10				14				

덧셈표의 가장자리를 먼저 채운 뒤 10과 14가 들어갈 칸을 찾습니다.

2 (1)

×	1	2	3	4	5	6	7	8	9
1	1	2							
2					10				
3								24	
4						24		32	
5		10							
6				24					
7							49		
8			24	32					
9									

곱셈표의 가장자리를 먼저 채운 뒤 10, 24, 32, 49가 들어갈 칸을 찾습니다.

(2) **예** －10은 2의 단에서 2, 4, 6, 8, 10을 찾거나 5의
　　　단에서 5, 10을 찾을 수 있습니다. 또는 2×5
　　　또는 5×2로 찾을 수 있습니다.
　　　－ 24는 3의 단, 4의 단, 6의 단, 8의 단에서
　　　찾을 수 있습니다. 또는 3×8, 8×3, 4×6,
　　　6×4로 찾을 수 있습니다.
　　　－ 32는 4의 단과 8의 단에서 찾을 수 있습니다.
　　　또는 4×8, 8×4로 찾을 수 있습니다.
　　　－ 49는 7의 단에서 찾을 수 있고, 7×7로 찾을
　　　수 있습니다.

1 (1) 규칙1 – 5부터 1씩 늘어납니다.
　　　　　　 – 14부터 1씩 줄어듭니다.
　　　　　　 – 5에 0, 1, 2, 3, …을 더합니다.
　　　 규칙2 – 4부터 1씩 늘어납니다.
　　　　　　 – 13부터 1씩 줄어듭니다.
　　　　　　 – 4에 0, 1, 2, 3, …을 더합니다.
　　　 규칙3 – 선 위에 있는 수는 모두 같습니다.
　　 (2) 예 ＼ 방향으로 2씩 늘어납니다.

2 (1) 규칙1 – 5부터 5씩 늘어납니다.
　　　　　　 – 45부터 5씩 줄어듭니다.
　　　　　　 – 5에 1, 2, 3, 4, …를 곱합니다.
　　　 규칙2 – 4부터 4씩 늘어납니다.
　　　　　　 – 36부터 4씩 줄어듭니다.
　　　　　　 – 4에 1, 2, 3, 4, …를 곱합니다.
　　　 규칙3 – 점선의 끝과 끝이 포개어지도록 반으로 접으면 만나는 부분의 수가 같습니다.
　　 (2) 예 2번째, 4번째, 6번째, 8번째 줄은 짝수로만 되어 있습니다.

1 (1) 규칙1

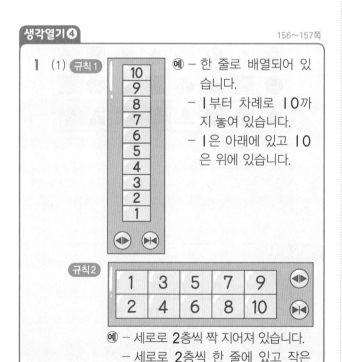

　예 – 한 줄로 배열되어 있습니다.
　　 – 1부터 차례로 10까지 놓여 있습니다.
　　 – 1은 아래에 있고 10은 위에 있습니다.

　규칙2

　예 – 세로로 2층씩 짝 지어져 있습니다.
　　 – 세로로 2층씩 한 줄에 있고 작은 층이 위에 있습니다.
　　 – 옆으로(오른쪽으로) 2층씩 늘어나고 있습니다.

2 (1) 예

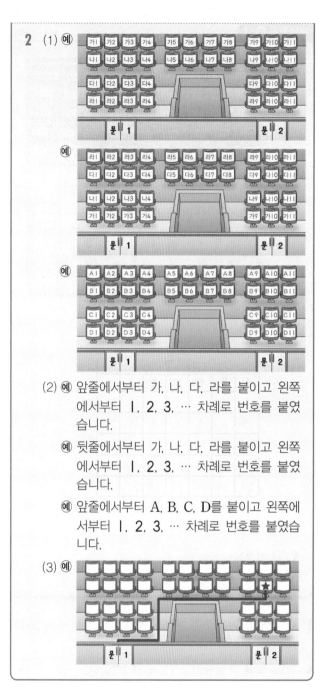

　(2) 예 앞줄에서부터 가, 나, 다, 라를 붙이고 왼쪽에서부터 1, 2, 3, … 차례로 번호를 붙였습니다.

　예 뒷줄에서부터 가, 나, 다, 라를 붙이고 왼쪽에서부터 1, 2, 3, … 차례로 번호를 붙였습니다.

　예 앞줄에서부터 A, B, C, D를 붙이고 왼쪽에서부터 1, 2, 3, … 차례로 번호를 붙였습니다.

　(3) 예

1 (1)
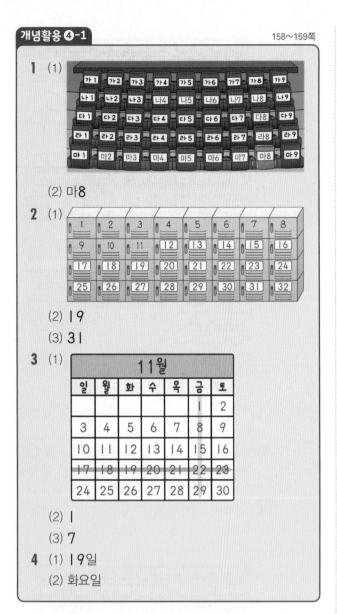

(2) 마8

2 (1)

(2) 19

(3) 31

3 (1)

11월						
일	월	화	수	목	금	토
					1	2
3	4	5	6	7	8	9
10	11	12	13	14	15	16
17	18	19	20	21	22	23
24	25	26	27	28	29	30

(2) 1

(3) 7

4 (1) 19일

(2) 화요일

---

1 (2) 가로는 마 줄이고, 세로는 8번 줄입니다. 서로 만나는 칸은 마8입니다.

4 (1) – 둘째 주 목요일은 7일 후인 12일이고, 셋째 주 목요 일은 7일 후인 19일입니다.
　　 – 달력을 직접 써 보면 19일입니다.

(2) – 둘째 주 화요일이 10일이므로, 셋째 주 화요일은 7 일 후인 17일이고, 넷째 주 화요일은 7일 후인 24 일입니다. 다섯째 주 화요일 24일의 7일 후는 31 일이고, 31일이 8월의 마지막 날입니다.

스스로 정리

1

+	2	4	6	8	10
1	3	5	7	9	11
3	5	7	9	11	13
5	7	9	11	13	15
7	9	11	13	15	17
9	11	13	15	17	19

2
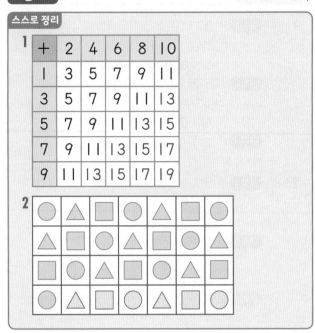

개념 연결

규칙에 맞는 무늬 만들기	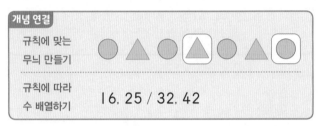
규칙에 따라 수 배열하기	16, 25 / 32, 42

1
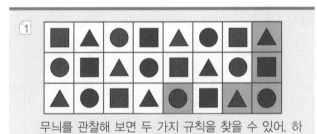

무늬를 관찰해 보면 두 가지 규칙을 찾을 수 있어. 하 나는 모양이고 또 하나는 색깔이야.
모양은 네모, 세모, 동그라미, 세 가지가 순서대로 반 복되고, 색깔은 빨강, 파랑 두 가지가 반복되고 있어.

선생님 놀이

1
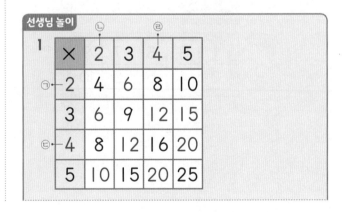

×	2	3	4	5
2	4	6	8	10
3	6	9	12	15
4	8	12	16	20
5	10	15	20	25

예 ㉠ 두 번째 줄 마지막 칸 10은 ㉠×5이므로
㉠은 2입니다.
㉡ 두 번째 줄 두 번째 칸 4는 ㉠×㉡입니다.
㉠은 2이므로 4=2×㉡입니다. 따라서 ㉡
은 2입니다.
㉢ 네 번째 줄 두 번째 칸 8은 2×4이므로 네
번째 줄 첫 번째 칸은 4입니다.
㉣ 4×4=16이므로 첫 번째 줄 네 번째 칸도
4입니다. 이제 나머지는 곱셈을 하여 채울
수 있습니다.

2 예 – → 방향으로는 1씩 커집니다.
– ↓ 방향으로는 7씩 커집니다. 그래서 모든
요일은 7일마다 반복됩니다.
– 목요일은 7의 단 곱셈구구와 같습니다.
– ↘ 방향으로는 8씩 커집니다.
– ↗ 방향으로는 6씩 커집니다.

단원평가 기본 162~163쪽

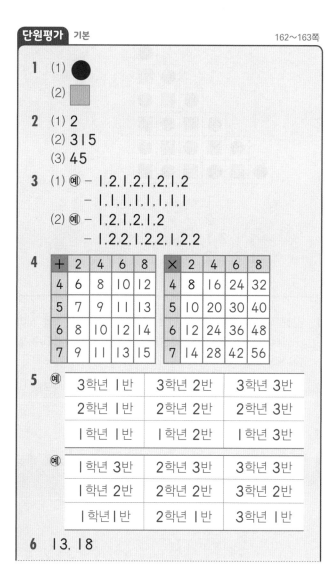

1 (1) ●
(2) ▪
2 (1) 2
(2) 315
(3) 45
3 (1) 예 – 1,2,1,2,1,2,1,2
– 1,1,1,1,1,1,1,1
(2) 예 – 1,2,1,2,1,2
– 1,2,2,1,2,2,1,2,2

4

+	2	4	6	8
4	6	8	10	12
5	7	9	11	13
6	8	10	12	14
7	9	11	13	15

×	2	4	6	8
4	8	16	24	32
5	10	20	30	40
6	12	24	36	48
7	14	28	42	56

5 예

3학년 1반	3학년 2반	3학년 3반
2학년 1반	2학년 2반	2학년 3반
1학년 1반	1학년 2반	1학년 3반

예

1학년 3반	2학년 3반	3학년 3반
1학년 2반	2학년 2반	3학년 2반
1학년 1반	2학년 1반	3학년 1반

6 13, 18

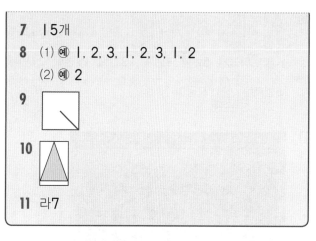

7 15개
8 (1) 예 1, 2, 3, 1, 2, 3, 1, 2
(2) 예 2
9
10
11 라7

---

1 (1) ◆ ● ■ 이 반복되고 있습니다.
(2) △ △ ▪ ▪ 이 반복되고 있습니다.

2 (1) 1, 2, 3이 반복되고 있습니다.
(2) 311에서부터 2씩 커집니다.
(3) 54에서부터 3씩 작아집니다.

4 두 표가 왼쪽의 수와 위쪽의 수는 같지만, 덧셈표와 곱셈표
의 규칙이 다르므로 빈칸에 들어갈 수는 다릅니다.

5 – 1층에는 1학년, 2층에는 2학년, 3층에는 3학년을 정
할 수 있습니다.
– 1층에는 1반, 2층에는 2반, 3층에는 3반을 정할 수
있습니다.

6 3 4 6 9
+1 +2 +3
→ 늘어나는 수가 1씩 커집니다.
이러한 규칙으로 다음 수는 4만큼, 그다음 수는 5만큼 늘
어납니다.
따라서 3 4 6 9 13 18 입니다.
+1 +2 +3 +4 +5

7 3 6 10
+3 +4
→ 늘어나는 수가 1씩 커집니다.
따라서 다음에 올 쌓기나무의 수는 5개가 늘어나
10+5=15(개)입니다.

8 (2) 1, 2, 3이 반복됩니다. 18번째는 3이 되고, 19번째
는 1, 20번째는 2가 됩니다.

9
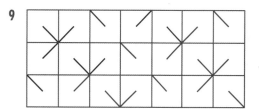

10 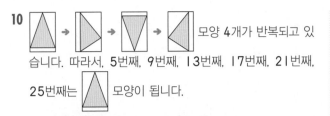 모양 4개가 반복되고 있습니다. 따라서, 5번째, 9번째, 13번째, 17번째, 21번째, 25번째는 ◁ 모양이 됩니다.

11

가로는 1, 2, 3으로 1씩 커지고, 세로는 가, 나, 다, 라의 규칙이 있습니다.

단원평가 심화   164~165쪽

1

×	5	6	7	8	9	10	11	12	13	14	15
2	10	12	14	16	18	20	22	24	26	28	30
3	15	18	21	24	27	30	33	36	39	42	45
4	20	24	28	32	36	40	44	48	52	56	60
5	25	30	35	40	45	50	55	60	65	70	75

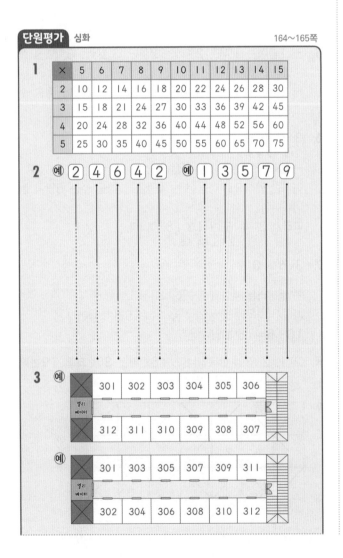

4 (예)

5 (예)

− 1, 2, 3, 4, 5, 6
−   1
    2 1
  1 2 1
2 1 2 1
   …

(예)

−   1
    1 2
  1 2 1
1 2 1 2
   …

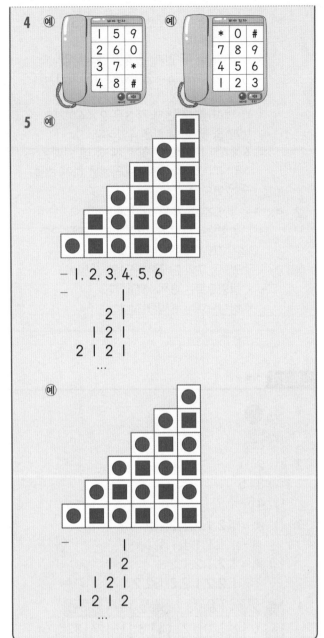

1 곱셈구구로는 해결할 수 없고, 수가 늘어나는 규칙을 찾아 구합니다. 곱셈표이지만 덧셈을 이용하여 수를 채울 수 있습니다.

2 수를 이용하여 규칙을 정하고 이것을 길이의 규칙으로 바꾸어 볼 수 있습니다.

3 여러 가지 방법으로 방의 번호를 정할 수 있습니다.

4 수의 위치를 바꿀 수도 있고, 버튼의 위치와 방향을 바꿀 수도 있습니다.

수학의 미래
초등 2-2

지은이 | 전국수학교사모임 미래수학교과서팀

초판 1쇄 인쇄일 2021년 7월 26일
초판 1쇄 발행일 2021년 8월 2일

발행인 | 한상준
편집 | 김민정 강탁준 손지원 송승민 최정휴
삽화 | 조경규 홍카툰
디자인 | 디자인비따 한서기획 김미숙
마케팅 | 주영상 정수림
관리 | 양은진

발행처 | 비아에듀(ViaEdu Publisher)
출판등록 | 제313-2007-218호
주소 | 서울시 마포구 월드컵북로6길 97 2층
전화 | 02-334-6123   홈페이지 | viabook.kr
전자우편 | crm@viabook.kr

ⓒ 전국수학교사모임 미래수학교과서팀, 2021
ISBN 979-11-91019-12-4 64410
ISBN 979-11-91019-08-7 (전12권)